| 多维人文学术研究丛书 |

认知神经美学

李志宏 | 著

中国书籍出版社

图书在版编目（CIP）数据

认知神经美学/李志宏著.—北京：中国书籍出版社，2020.1
ISBN 978-7-5068-7686-5

Ⅰ.①认… Ⅱ.①李… Ⅲ.①认知科学—美学—研究 Ⅳ.①B83-05

中国版本图书馆 CIP 数据核字（2019）第 290869 号

认知神经美学

李志宏　著

责任编辑	周春梅　李田燕
责任印制	孙马飞　马　芝
封面设计	中联华文
出版发行	中国书籍出版社
地　　址	北京市丰台区三路居路 97 号（邮编：100073）
电　　话	（010）52257143（总编室）　（010）52257140（发行部）
电子邮箱	eo@chinabp.com.cn
经　　销	全国新华书店
印　　刷	三河市华东印刷有限公司
开　　本	710 毫米×1000 毫米　1/16
字　　数	218 千字
印　　张	15
版　　次	2020 年 1 月第 1 版　2020 年 1 月第 1 次印刷
书　　号	ISBN 978-7-5068-7686-5
定　　价	89.00 元

版权所有　翻印必究

前　言

我们最初是出自文艺理论建设的目的而研究美学的。新时期以来，文艺理论界基本上形成一个共识：文艺的本性是审美。但对于什么是审美，还缺少深入而系统的认识。而要对审美的性质、内在机理和特征有深入的认识，必须借助于美学理论。不过，现时的美学发展可以说还很不充分；在美学的核心问题如美本质、"美是什么"命题、审美知觉的性质和构成等方面都处于说不清、道不明的状态。尤其是，现时通行的美学理论大都由哲学目的出发，在相当程度上已经演变为人学，致力于人本质的发掘，探讨人的"终极追求"，并不以解决艺术欣赏和审美生活中的具体问题为目标；致使文艺理论的深入发展，特别是文艺审美理论的建设处于缺少基础理论支撑的境地。

如今，社会和文化发展都对文艺审美理论提出极具现实性的要求，而审美理论及美学理论的现状远远不能加以适应。如果坐等现行方向下的美学理论取得可行性成果之后再在文艺理论方面深入发展，那将是遥遥无期的。现实的迫切需要催促我们行动起来，自行开展可应用于实践的美学研究。

由此，我们进行美学研究的目标很明确，就是要解释文艺和一般社会生活中具体的审美现象。这种美学研究不是从哲学体系建构的需要出发，不是从定义和概念入手，而是从审美实践出发，从审美活动的实际表现和具体环节入手，力图依靠科学的手段，使每一个论点都建立在科学实证的基础之上。

一切审美活动都以对事物的知觉为起点，以形成美感体验为终点；知觉和情感是审美活动中非常明显的重要环节。要弄清审美活动的性质和机制，必须首先弄清知觉和情感的性质和机制。知觉和情感都是人类机体的心理性功能，以一定的生物性和生理性结构为物质基础。对知觉和情感从心理学、生理学和生物学方面进行细致的研究和说明，正是当今认知科学的重要内容。美学研究要走向科学化，应该借鉴认知科学的研究成果。

多年来，我们借鉴认知科学的成果及材料，结合着审美活动的具体现象，对美学研究中重要的核心理论问题加以分析、思考，已经形成较为完整的理论阐释，并姑且称之为"认知美学"。

"认知美学"不是"认识论美学"。我们所说的"认知"不同于一般所说的"认识"。日常生活中，人们常常将认知与认识相等同，而在学术研究领域中，这两个概念的内涵是有所区别的——"认识"是一个哲学概念，"认知"则是心理学等学科中的科学概念，有学者指出：

> 在哲学上当把"认识"与其性质、来源、内容相联系时，它是指认识的结果；当把"认识"与其主体、目的、任务、方法相联系时，它是指认识的过程，而这种过程主要是指认识的行为过程，而非心理过程。
>
> 心理学也研究"认识"，但心理学并不关心认识的内容，也不关心认识的真理性，而是关心认识的心理过程。……

<<< 前言

"认知"就是指认识活动的心理过程。①

就是说,哲学意义上"认识",建立在主体与客体之间反映关系的基础上,表示主体反映客体的行为过程和结果。但不论认识的结果是正确还是错误,认识行为本身都要受到大脑活动的支配,大脑的活动过程被称为认知过程,包括具体的心理活动,还包括相关的生理性活动及神经生物性活动。即,大脑内部自身的工作状态是认知活动,人以此为基础而进行的对外在客体事物的反映关系和反映过程是认识活动。打个比方,一台机床可以对物件进行车、刨等方式的加工,构成机床与物件之间的关系;机床对外在物件进行的加工相当于认识过程,加工出的物件相当于认识结果;机床对外部物件进行加工时,需要在自身内部有马达、齿轮、电路等的结构和工作状态,这种内部结构的运行即相当于认知过程。从心理层次、生理层次、生物层次对大脑活动的结构、过程和机制加以揭示,构成了由多门类学科组成的认知科学。

从心理学等科学的角度探讨审美活动,是以往的美学研究心向往之而又无法实现的目标。近一百多年来,美学史上曾经多次出现过以心理学方法研究美学的尝试,其中最近的也是最被认可的是格式塔心理学美学。当然,这些尝试都不成功。这些尝试的不成功被一些学者当作美学研究不能走科学化道路的根据。其实,哲学化的美学研究时间更久,学派更多,也没有哪一个学说是成功的。过去年代中科学化美学研究道路的不成功主要根源于科学发展的不充分;随着科学的发展,科学化的美学研究必将得到充分的发展。近20年来,认知科学取得飞速进展,已

---

① 张积家:《论"认知"与"认识"的分野——兼与赵璧如先生商榷》,《中国社会科学》1995年第2期,第123页。

经相当深刻而清晰地揭示了大脑的奥秘，为我们认识审美活动的奥秘提供了科学的根据。

科学化地研究美学，可以看到，人类的审美活动必须以身体的自然结构和机能为前提，服从机体运行的规则，从而形成大致一致的一般机制。

审美活动内在机制的一致性不等于审美知觉和审美感受的一致性。这是因为，每个人的生活环境各不相同，知觉经验和内心状态必然各不相同。在同样的审美活动内在机制的运行中，不同的知觉经验和内心状态必将引发不同的结果。好比一台计算器，内部的计算程序是一致的、不变的；但由于输入的数据不同，计算结果就不同。人类审美时，机体的工作程序是一致的，只是由于经验的不同才形成了千变万化的审美体验。人的经验，不仅是自然性的，还是社会的、文化的。社会－文化因素的复杂多样更加造成审美感受和审美现象的复杂多样。

计算器计算结果的多样不否定计算程序的一致；而且，计算结果的多样只能建立在计算程序的一致之上。同样，审美感受和审美现象的多样不否定审美活动机制的一致；审美感受和审美现象的多样也必须建立在审美活动的一致之上。以往的研究，人们由于不了解自然机体在审美活动中的作用，在寻找审美现象的原因时，常常无从下手，陷入迷茫。一旦发现了审美活动的自然程序，审美现象的根由及社会－文化因素的作用和影响也就可以逐渐加以揭示了。科学化的美学不是机械地对待复杂多样的审美经验，而是解释审美经验得以形成的内在机制，揭示审美活动赖以进行的自然的机体条件。

如果以系统论的眼光看待审美活动，则审美活动是一个整体，由两大子系统所构成：一是由机体的结构和功能构成的自然子系统，一是受到社会-文化因素影响的意识-观念子系统。或者说，整体的审美活动有两个层次，一个是自然层次，一个是观念层次。审美活动的层次性及层次构成的多重因素，使得审美活动呈现出复杂状况。自然层次主要由审美的认知方式所构成，受制于生物、生理和心理活动的机制，相对而言是个"常数"；人在进行审美认知活动时要依赖具体的审美知觉，审美知觉的建立是以生存利害性特别是社会利害性为基础的，构成了审美活动中受制于社会-文化发展状态的观念层次，相对而言是个"变数"。审美活动就是由这种"常数"和"变数"交织而成的整体。其中，以审美认知方式为表现的自然层次决定了审美活动最终形成的情感反应，从而决定了审美活动不同于一般利害性实践活动的特殊性质；也使审美活动呈现出人类的一致性，凡是发育正常的现代人，都能审美，不论其审美对象是什么。观念层次则决定了具体审美活动所必须依赖的审美观念、审美眼光的形成，从而使审美活动带有时代性、民族性、文化性乃至政治性等。审美活动就是由这两大层次交织而成的整体，是以非利害认知方式为智能基础的社会精神性活动。仅仅强调实践的社会性或仅仅强调生命的自然性，都不能合理说明审美活动的整体性质。

审美活动的观念层次主要涉及人类意识和观念在社会实践中得以形成的机理，可以在马克思主义基础上得到合理解释。审美活动的自然层次还没有得到合理的解释，我们的努力就是要完成这一工作。这一工作的完成，将使我们更为准确而合理地认识到审美活动的性质，进而为文艺理论和一般性审美理论的建设奠立坚实基础。

文化是多元的，规律都是同样的；学说是多样的，真理只有一个。每一理论的提出者都认为自己是正确的，都以为自己合理地解决了问题。但客观上是否真的如此，需要实践和逻辑的检验，需要在事实和现象面前经受拷问，需要与不同观点及各种理论相碰撞。我们所进行的美学核心问题的研究还是初步的、粗糙的，有待深入和完善；我们对具体现象和材料的解读很可能出现误差，一些论点也可能会在新的材料基础上被更新。我们欢迎各种批评意见，绝不坚持错误。我们相信：在民主、科学的学术精神之下，美学发展的前景是乐观的，文学艺术审美理论的发展也是乐观的。

目 录
CONTENTS

第一章 传统本体论美学分析 …………………………………… 1
一、美本质研究的本义和困境 ………………………………… 1
二、分析主义美学与美本质研究的转向 ……………………… 8
三、"美是什么"命题的思维前提及"美"概念的代名词性 …… 15
四、"美"字的本义及衍变 ……………………………………… 20
五、"美是什么"命题的谬误 …………………………………… 30
六、美本质研究的终结 ………………………………………… 41

第二章 审美发生之前的无审美状态 ………………………… 47
一、审美的基本特征暨有无审美的判定标准 ………………… 47
二、早期人类社会没有审美的表现 …………………………… 52
三、早期人类没有审美的根本原因在于智能的不发达 ……… 64

第三章　审美发生——审美生命结构的形成与特性 ……………… 88
一、人类一般认知模块的形成 ………………………………… 88
二、审美认知模块的形成与特性 ……………………………… 116
三、人类机体生命结构的审美需要 …………………………… 151

第四章　认知模块的核心成分——形式知觉模式 ……………… 160
一、形式知觉模式在审美关系中的核心地位 ………………… 160
二、形式知觉模式的构成 ……………………………………… 163
三、形式知觉模式的形成方式 ………………………………… 170
四、审美形式知觉模式的横向发展 …………………………… 182
五、审美中形式知觉模式作用的个案分析 …………………… 188

后　记 ……………………………………………………………… 205

第一章

传统本体论美学分析

所有属于本体论美学的学派都有一个共同的理论基点,即认为美的事物是由"美"所决定的。本体论美学各学派之间内部的论争只是在于:这个"美"是什么?是主观的还是客观的?是"美感""价值""理念"呢,还是"实践""自由""人的本质力量对象化"?如此等等。所以,在本体论美学之下,必然形成"美是什么"命题及"美与美感的关系"问题。虽然这一命题的提出有其时代的缘由,但其合理性则大成问题。

一、美本质研究的本义和困境

美学史上,美本质问题曾长期在美学研究中居于首要地位,被本体论美学认为是美学的核心和基本内容。美学史上的大多数学派及理论是围绕这一问题进行的,构成美学史的主要框架。自 20 世纪以来,这一问题的合理性遭到质疑,但又没有形成可靠的结果。因此,以西方现代美学为代表的一些理论和学者感到无所适从,不得不采取了搁置和回避的态度。但是,既然这一问题已经历史地、客观地形成并摆在美学研究面前,所有认真而成熟的美学理论就不得不对这一问题做出回答。回避这一问题，意味着理论的不深刻、不严谨、不彻底。

1."美"与"美的事物"的区别

生活中真实存在着美的事物等审美现象；人们常常以为审美现象中蕴含着美本质，是美本质造成了美的事物等审美现象。美学史表明，欧洲早在古希腊时期，人们已经能明确地感到某些事物是美的，能体验到美感。为了认识这些现象，以理性来解释事物为什么是美的，人们提出了"美是什么"的问题，希望能找到"美本质"及"美本身"。美学研究的这一目标在古希腊最初探究审美奥秘的时期就已经确立或者说被规定。柏拉图（Plato，前427－前347）谈论这一问题的意图很清楚，就是要找到一个"美本身"，即可以称之为"美"的事物。"美本身"与"美的事物"完全不同。柏拉图明确阐述了二者的区别，说"我问的是美本身……不是什么是美的，而是美是什么"；[1] 一再表示，"美本身"是事物之所以美的终极原因，只是因为有"美本身"存在，才能"把美的性质赋予一切事物——石头、木头、人、神、一切行为和一切学问"。[2]

很可能，早在古希腊时期，人们就常常把"美"与"美的事物"相混淆；在回答"美是什么"问题时，常常以"美的事物"为答案。而如果以为"美的事物"就是"美"，美本质问题就转变为"美的事物的本质"问题了，显然是不能成立的。美本质研究的目的，是要解释事物"为什么是美的"，并不在于回答"什么事物是美的"。

---

[1] ［古希腊］柏拉图：《柏拉图全集》第四卷，王晓朝译，北京：人民出版社2003年版，第35页。

[2] ［古希腊］柏拉图：《柏拉图全集》第四卷，王晓朝译，北京：人民出版社2003年版，第42页。

2. "美本质"研究的基本思路

柏拉图对"美本身"的探讨首先是从具体的自然事物和人造事物方面寻找的，如母马、黄金、竖琴、汤罐、年轻小姐等；然后是从抽象事物即价值、观念等方面寻找的，如"有用""有益""善"等；再后是从主观感觉方面寻找的，提出"美就是由视觉和听觉而来的快感"①的设想。可惜，所有这些解答都不能成立，最后只能归之于冥冥之中的"理式"。柏拉图是客观唯心主义者，在客观唯心主义哲学立场上，作为"理式"的"美本身"可以是先天的、客观的。但"理式"是无影无形的、无从把握的，也是无法应用的；这一探讨不是一个成功的回答。由此，开启了两千多年来美本质研究的不成功之路。

柏拉图所说的"理式"其实是主观的意识和观念；或者说，"理式"只能以概念、观念的形态存在。所以人们多把柏拉图归入唯心主义美学阵营。但柏拉图的意图和思路都是想从客观存在的事物中找到"美"，即找到美的事物中的美属性、美本质。这样看来，柏拉图的美论可算是美本质研究中客观论思路的先驱。不过，这一研究思路的艰辛一再地表现出来，人们实在难以在客观方面找到可以称之为"美"的事物。美学史中最后一次较成体系的尝试由18世纪英国经验主义哲学家埃德蒙·博克（E·Burke，1729－1797）做出，他认为，"我们所谓美，是指物体中能引起爱或类似情感的某一性质或某些性质，我把这个定义只限于事物的单凭感官去接受的一些性质"②。那么，是哪些性质

---

① ［古希腊］柏拉图：《柏拉图全集》第四卷，王晓朝译，北京：人民出版社2003年版，第50页。
② 北京大学哲学系美学教研室编：《西方美学家论美和美感》，北京：商务印书馆1980年版，第118页。

呢？他说：

> 就大体说，美的性质，因为只是些通过感官来接受的性质，有下列几种：第一，比较小；其次，光滑；第三，各部分见出变化；但是第四，这些部分不露棱角，彼此象融成一片（例如曲线）；第五，身材娇弱，不是突出地显出孔武有力的样子；第六，颜色鲜明，但是又不强烈刺眼；第七，如果有刺眼的颜色，也要配上其他颜色，使它在变化中得到冲淡。这些就是美所依存的性质，这些性质起作用是自然而然的，比起任何其他性质，都较不易由主观性而改变，也不易由趣味儿分歧而混乱。①

博克所说的这些"美的性质"，基本上是一些美的现象，是事物的形式特征，可以看作是亚里士多德所说"美的主要形式是'秩序、匀称与明确'"② 思想的具体化，都不是独立存在的美事物，不能算是"美本身"，也不具有严格意义上的客观性质，因此是不能成立的。此后，从客观事物的角度做出的回答基本上不超出柏拉图和博克的思想；客观论似乎没有根本改观的发展空间了。于是，人们的主要努力开始转到主观感觉的方面。同样是18世纪英国经验主义哲学家的大卫·休谟（D. Hume，1711-1776）认为：

---

① 北京大学哲学系美学教研室编：《西方美学家论美和美感》，北京：商务印书馆1980年版，第122页。
② 北京大学哲学系美学教研室编：《西方美学家论美和美感》，北京：商务印书馆1980年版，第41页。

> 美不是物体本身里的一种性质。它只存在于观赏者的心里，每一个人心里见到不同的美。①
>
> 美与价值都只是相对的，都是一个特别的对象按照一个特别的人的心理构造和性情，在那个人心上所造成的一种愉快的情感。②

这一论点也可以说是柏拉图"美是视听快感"说法的深化，是从主观方面入手把"美"看成一种愉悦快感。此后，"美是快感"或"美是美感"的说法一再出现，一直延续到今天。

从结论上看，博克代表的客观论同休谟代表的主观论见解对立，差异巨大。但从解决问题的切入点上看，两人是非常一致的。休谟一方面说美就是人的感觉，一方面说："但同时也须承认：事物确有某些属性是由自然安排得恰适合于产生那些特殊感觉的。"③ 他们都是在审美经验得以形成的区域内寻找"美"。两人的区别仅在于：是把"美本身"落在主观感觉上还是落在引起美感的事物属性上。从此，以主客体审美关系为着眼点的"美本质"研究渐成潮流。

可以说，美本质研究到了此时已经基本成型，以后的发展都是在这一框架内的深化和完善。直到今天，人们对"美是什么"命题进行探讨并做出回答时，无非是客观的、主观的、主客体关系的这三种思路。

---

① 北京大学哲学系美学教研室编：《西方美学家论美和美感》，北京：商务印书馆1980年版，第108页。
② 北京大学哲学系美学教研室编：《西方美学家论美和美感》，北京：商务印书馆1980年版，第109页。
③ 北京大学哲学系美学教研室编：《西方美学家论美和美感》，北京：商务印书馆1980年版，第108页。

这三种思路中只能有客观论、主观论两种哲学立场。客观论方面的回答总是要把"美"归于事物的某种性质；主观论方面的回答总是在说"美"就是观念、就是美感。至于"主客观统一论"，并不能为"美本身"提供第三种相对独立的存在状态，最终总要统一到某一点——或者是统一到主观上，或者是统一到客观上。因为，所有事物都是独立而具体的存在，或者是客观性质的，或者是主观性质的（如感觉、思想、体验等），不能有处于主客观之间，既不是主观也不是客观的事物。如果说可以有"主客观相统一"的事物，则所有人造事物都是如此。例如一幢房屋的建成或一件衣服的缝制，既需要客观方面的物质材料，又需要主观方面的设想和操作，是典型的主客观相统一的物品。但是，主客观相统一，只能说明器物的形成过程；器物本身还要说是个注入主观因素的客观事物。"主客观统一论"的实际意义是看到：审美的形成，需要主客观两方面的因素或条件，可以说是提供了"美本质"研究的一个出发点，启发人们从主客体关系中去认识审美现象，但并不能回答出"美是什么"问题。

3. "美本质"研究的不解之结

为什么客观论和主观论长期争论不休而无法得出定论呢？这是因为它们既分别地适合说明审美实践中的某些现象，又不能完全彻底地说明所有现象。把一块玉石和一团泥巴摆在面前，人们自然会说玉石是美的，泥巴不是美的。这种美或不美的区别来自事物自身的客观属性，为客观论提供了依据。但是，正如博克曾经做过的努力那样，要从事物客观属性中找到什么是"美"，无论如何也办不到。这是客观论的致命局限。

客观方面无数种尝试的最终结果是发现，不论事物具有什么属性，只有当人认为它美时才美。假如有人出于某种原因,一定要认为泥巴是美的,玉石是不美的,人们也必须承认这是可以的、合理的。生活中的确有相当多的类似情形,都为主观论提供了依据。主观论的问题在于:人为什么会从主观出发而把一件东西看成是美的呢?即:即使说主观观念有权利把任何事物看成美的,但这种观念由何而来?

到了20世纪上半叶,主观论的思路发展出了西方美学界的审美经验理论,它确认:人的美感的形成,虽然在一定程度上与事物的客观属性有关,但并不完全取决于事物的客观属性,决定性的因素在人的审美知觉;当人以审美知觉观看事物时,该事物就可以是美的,否则就不是美的。即,"只要审美知觉一旦转向任何一种对象,它立即就能变成一种审美的对象"①。那么,人是不是具有一般知觉和审美知觉两套知觉系统呢?心理学不支持这种设想。人们发现,审美知觉的形成取决于审美态度或审美注意:

当一种有辨别力的注意力能以一种非实践的、无利害关系的态度去看待一个对象时,任何对象都能变成为审美对象。②

那么,审美注意又是怎样形成的呢?大致有两种回答。一是认为,人们"只是在偶然的情况下才用一种审美的态度去看待事物"③。偶然是随机的、无规律可循的、玄秘的;以偶然为解答等于没有解答。二是

---

① 中国社会科学院哲学研究所美学研究室编:《美学译文》(2),北京:中国社会科学出版社1982年版,第4页。
② 朱狄:《当代西方美学》,北京:人民出版社1984年版,第271页。
③ 朱狄:《当代西方美学》,北京:人民出版社1984年版,第265页。

如英加登（Roman Ingarden，1893 – 1970）所说：

> 在对某个实在对象的感觉过程中我们会为一种或许多特殊性质所打动，或者最终为一种格式塔性质（如一种色彩或色彩的和谐、一支曲子、一种节奏、一种形状的性质等）所打动，从而把注意力完全倾注在这种特质上，这是一种基本特质，它对我们不是平淡无奇的。正是这种基本特质在我们身上唤起一种特殊情绪，我们姑且称它为预备情绪，因为正是这一种情绪引出了审美经验的过程本身。①

但是，能够引起审美"预备情绪"的事物的特殊性质，不就可以认为是客观的"美"吗？这样看来，主观的审美态度最终还是要由客观的美来引发。于是形成了这样一种循环：主观的审美态度决定了事物是不是美的，而主观的审美态度又是由事物客观的美的属性所决定的。我们从这种理论发展中看到的是：客观论的发展到了极点，要转向主观论的方向；主观论的发展到了极致就进入客观论的领域；主观论和客观论表面结论上的对立都消融在自身的深层结构中；一当它们深入到一定程度，都将走向自我否定，走向自己的对立面。美本质研究走到这一地步，真可谓是山穷水尽了。

二、分析主义美学与美本质研究的转向

美本质研究的困境引发了人们对问题回答可能性的怀疑。进入 20

---

① ［美］M·李普曼：《当代美学》，邓鹏译，北京：光明日报出版社 1986 年版，第 289 页。

世纪之后，逻辑实证主义哲学及语义主义哲学、分析主义哲学相继兴起；在这一基础上形成了以维特根斯坦为代表的"分析主义美学"。认为，美本质及"美是什么"等问题是不可回答的，开始对传统美学命题的合理性提出质疑，形成美学研究的重大转向。

1. 分析主义美学的论点及地位

对分析主义美学的学说，已有学者做出很好的研究，阐述说：

早期的分析主义美学家摩尔（Georg Edward Moore，1873－1958）就从对"善"的逻辑分析和系统论述出发，认为"关于美，正像关于善一样，人们极其通常地犯了自然主义谬误；而利用自然主义在美学上引起的错误跟在伦理学上引起的错误是一样多的"。这就是说，"美"并不是一个自然客体，所以不能采用像自然科学下定义的方式来加以界定，而只能靠直觉去把握。① 而后，艾耶尔（Alfred Jules Ayer，1910－1989）将审美判断归之于情感的判断，认为审美判断是用以表达和激发情感的，这种划分基本上成为当时分析主义哲学美学家们的"共识"，艾耶尔说：

> 美学的词的确是与伦理学的词以同样的方式使用的。如像"美的"和"讨厌的"这样的美学词汇的运用，是和伦理学词汇的运用一样，不是用来构成事实命题，而只是表达某些情感和唤起某种反应。和伦理学一样，接着也就必然会认为把客观效准归之于美学判断是没有意义的，并且，不可能讨论到美学中的价值问题，而只能讨论到事实问题……②

---

① 刘悦笛：《分析美学史》，北京：北京大学出版社2009年版，第7页。
② 刘悦笛：《分析美学史》，北京：北京大学出版社2009年版，第14－15页。

在这种思路方向上，集大成式地形成了维特根斯坦（Ludwig Wittgenstein, 1889—1951）的阐述，他将世界"一分为二"：（1）"可言说的"世界，哲学家们就对之加以分析，这是"事实世界"，它与语言、命题和逻辑相关；（2）"不可言说的"世界，人们只能对之保持沉默，这是"神秘世界"，美学显然归属于此列。[1] 他说：

> 有关哲学的东西所写的命题和问题大多并非谬误，而是无意义的。因此，我们根本不能回答这类问题，而只能明确指出其无意义性。哲学家的问题和命题大多是基于我们不了解我们的语言逻辑。
>
> （它们都是诸如善比美更具同一性抑较少同一性之类的问题。）
>
> 毫不奇怪，最深刻的问题其实不成其为问题。[2]

分析主义美学家认为，"美""善"这类问题是同主观感觉相关联的价值判断，"美""善"概念是一种情感状态的表述。"美是什么""艺术是什么"的问题与"氦是什么"之类的问题是不一样的；[3] 表示情感态度的词语同表示客体对象的词语不同，只能有情感的主观意义，不能有客观的意义；而且其情感的具体含义是因人而异、因环境而异的，非

---

[1] 刘悦笛：《分析美学史》，北京：北京大学出版社2009年版，第43页。
[2] 涂纪亮主编：《维特根斯坦全集》第1卷，陈启伟译，石家庄：河北教育出版社2003年版，第204页。
[3] [美] M·李普曼：《当代美学》，邓鹏译，北京：光明日报出版社1986年版，第220页。

常不确定。鉴于这一前提,很难为"美"找出一个统一的、确定的性质;所以,"美"是不能言说的。

分析主义美学的这一论点很有震撼力,几乎没有遇到有力的挑战;以至于分析主义美学成为"20世纪后半叶以后在英美及欧洲诸国唯一占据主流位置的重要美学流派,其核心地位迄今仍难以撼动"[①]。分析主义美学极具权威性的观点对传统美学研究形成巨大的冲击,直接造成西方美学研究核心地带的坍塌。人们意识到,美本质研究及"美是什么"命题是非常不可靠的,是个巨大的黑洞。从此,几乎没有哪个认真的美学家再提出"美是什么"的定义,也极少有人再触及美本质问题。

如此,西方美学的基本原理研究受到重挫——在审美经验理论方面陷入如同"鸡生蛋、蛋生鸡"一般的绝境,在"美是什么"命题方面被否定。在这种双重打击之下,西方的美学基本理论研究落入寸步难行同时也不敢前行的境地,半个多世纪以来鲜有重大建树。其结果是逐渐地造成了基础理论研究严重缺失的不均衡发展格局,只在文化观念和部门美学等方面有所进展,在基本原理方面鲜有重大建树。

20世纪80年代后,分析主义美学的观点才在我国产生相当的影响。国内美学界的许多人据此而放弃了对美本质问题的探索,并且提出不要再纠缠于美的主客观之争的看法。在这种思想影响下,一些美学理论体系乃至美学基础教材在刻意回避美本质问题,相关研究更是少有进展。

---

① 刘悦笛:《分析美学史》,北京:北京大学出版社2009年版,第1页。

2. 分析主义美学存在的问题

应该说，分析主义美学对传统美学研究的质疑，对于启发人们的新思路是非常可贵的、值得重视的。但是，同样值得重视的，是这种质疑和否定的合理性如何，科学的根据如何。从这个角度看，分析主义美学自身的理论体系是很不完备的，缺少坚实的基础。首先，它全部立论的支点，建筑在"美表示主观情感状态"这一认识基础之上。而"美"究竟是主观的还是客观的，正是美本质研究所要解决的问题，是美学论争焦点之所在。从分析主义美学的阐述上看，显然是接受了主观论的观点。但是，它又没能对这一观点做出更深入的阐述和论证，没能站在更高的视点上来审查、评判主客观学派的论点之争，其立论不具有必要的美学理论根据。其次，分析主义美学只是否定了对"美"概念加以定义的可能性，还不是否定了"美"的存在，没有否定"审美""艺术"等现象及人类相关活动的存在。研究者认为，"他（指维特根斯坦——笔者注）并没有否认美学本真的存在价值，他自己也承认'不可言说的确实存在'"[①]。从逻辑上讲，既然是"确实存在"的，就应该存在着独有的本质以及为其下定义的可能性。如果"美"是确实存在的，就应该可以被认识，被定义；在承认"美"确实存在的前提下否定为"美"下定义的可能性，不符合事理，不符合逻辑。最后，分析主义美学只是对"美"概念用作形容词的情形做出了分析，没有对"美"概念用作名词的情形做出分析。维特根斯坦说：

这个题目（美学）太大了，而且据我所知是完全被误解

[①] 刘悦笛：《分析美学史》，北京：北京大学出版社2009年版，第44页。

了。像"美的"这种词,如果你看一下它所出现的那些句子的语言形式,它的用法比其他的词更容易引起误解。"美的"是个形容词,所以你会说:"这有某种特性,即美的特性。"①

美学研究中,美概念用作形容词时没有歧义和论争,人们也从来不在美概念用作形容词的语境中探究美本质。维特根斯坦以美概念的形容词用法为根据而做出的理论判断没有太大的实际价值,分析美概念的名词性用法才是更为重要的;而这一点又被维特根斯坦所忽略。这些不足使得分析主义美学不能达到理论的彻底性;没能解决美学问题,也没能全面而合理地证明"美"为什么不可言说。

当然,分析主义美学的失利也不能从反面证明美本质和"美是什么"命题的可回答性;笼罩在美学研究中的疑云并未消散。许多人认为,传统美学命题是既不能证实,又不能证伪的。这使美学研究真的陷在困境之中:既无法对基本命题做出正确可信的解答,又不能对命题本身加以否定。如果继续试图加以定义、解答,势必进入已有众多死胡同中的一条,在事实上行不通;若将问题悬置,则放弃了美学的责任。

审美现象的存在意味着相关问题的存在,问题的存在意味着答案的存在。没能得出答案不等于不可得出答案。如果回避客观存在的问题,则美学自身的科学性、必要性也无从谈起。这种状况昭示人们,对该命题的合理性问题,非常有必要加以研究、辨明。

3. 分析主义美学的启发意义

分析主义哲学美学的理论虽然不成功,却含有巨大的启发意义,是

---

① 涂纪亮主编:《维特根斯坦全集》第 1 卷,陈启伟译,石家庄:河北教育出版社 2003 年版,第 323 页。

美本质研究史中的重要转机。

虽然分析主义美学仅以美概念用作形容词的情形为研究条件，提出形容词不可准确定义的论点本身没有太大的学理价值，但是其学说思想的矛头所向直指美本质和"美是什么"命题的合理性，却是美学研究思路上前所未有的重大开拓。在这一启发之下，学术界曾经又向前迈进了一步，看到了美概念用作名词的情形，并意识到美本质研究的错误由此开始。有学者说：

> 至今看来，我们仍然未能对美的神秘性做出科学的回答，这可能是由许多原因造成的，其中原因之一，就是我们打开任何一部美学史，"美"已经是一个现成的概念，而所有的争论都是在这个现成的概念上进行的。美这个词在日常生活中是作为形容词来使用的，而在美学研究中它变成了名词，于是就使得许多人以为可以像寻找到稀有珍宝那样去寻找到美。[1]

这一认识已经把美本质研究推进到距离最后解决仅只一步之遥的境地。当然，不仅在美学研究中，在日常生活中"美"这个词也是经常被人们当作名词来使用的。从美概念用作名词时的情形入手，只须再向前深入一点，就有可能发现美本质研究的逻辑错误。正是受到分析主义美学的启发，中国当代美学开始认真反思"美是什么"命题的合理性问题，开辟了"柳暗花明又一村"的前景。

---

[1] 朱狄：《原始文化研究》，北京：生活·读书·新知三联书店1988年版，第779页。

三、"美是什么"命题的思维前提及"美"概念的代名词性

从学术角度,对一个问题的认识仅仅停留在质疑上是远远不够的。美本质作为美学研究的基本问题,不能简单地回避或悬置。认真的态度是用事实和逻辑对该命题的合理性加以分析。如果证明这一命题是合理的,就不能因为解决的难度太大而置之不理;如果证明该命题是不合理的,就要在坚实、准确的认识基础之上理性地放弃原有命题,代之以新的命题,开始新方向的研究。

1. "美是什么"命题句式分析

从实际出发,虽然生活中是否存有"美"尚不确定,但存有审美活动及审美现象则是可以确定的,"美"概念的存在也是可以确定的。问题是,审美活动及"美"概念的存在是否可以合理地衍生出"美是什么"命题。这需要对该命题做一下认真的分析。

从该命题的句式及语义关系上看,在"什么"是"什么"的句子中,系词"是"前后的两个事物之间是同种类或同属性的联系,宾语是对主语的说明。这种联系的前提在于,"是"前后的主语和宾语都应该是一种实际存在的、相对独立的事物。可见,"美是什么"命题的语义关系和意义指向都使这一设问句式中暗含着一个思维前提——"美"应该是,也可以是个事物。既然如此,就意味着"美"是个独立的存在物。因此,这一命题已经预先肯定了可称之为"美"的事物的存在。

这种肯定似乎是有根据的,事实上人们也是深信不疑的。但是,既然人们不知道"美"是什么,又怎么能肯定"美"的存在呢?其根据其实只存在于日常生活的话语中。人们经常这样来表达:生活中不是到

处都能见到美吗？我们不是时常能够感受到美吗？

如果以这种方式证明"美"的存在，则问题就有所转向——不是根据客观存在的事实或事物来认定，而是根据语言即概念来认定。因此，问题的解决要转到语言的分析上。这正是分析主义美学的发现，也是其成就的表现。

如果以"生活中存有美""人们能感受到美"的话语为根据来进行语言分析，就要看看"美"概念在具体语言表达中的地位和意义是什么。

生活中人们经常说："我们在欣赏美""人类创造出美"。这样的话语是可以成立的，也是被一致认可的。在这些话语中，"我们""人类"等概念是主语，由名词来充当；"欣赏""创造"等概念是谓语，由动词来充当；"美"概念表示宾语，也由名词来充当。即，在这些话语中，"美"概念是被用作名词的。一般来说，名词都是对实际事物的命名，名词的存在意味着实际事物的存在。正因如此，人们确切无疑地以为这里所说的"美"概念就是指实际存在的叫作"美"的事物。

只有以名词为主语才可以构成"某某是什么"的命题。如果"美是什么"命题是合理的，则该命题中的"美"概念必须当作名词使用。

2. 事物与概念、语言的关系

美学史已经表明，有没有叫作"美"的事物，凭借经验很难把握。因此，对"美是什么"命题的合理性问题，必须借助逻辑分析的方法加以认识，要看看美概念用作名词是否符合逻辑。

我们可以应用符号学的理论对事物与概念、语言的存在地位及其相互关系加以图示：

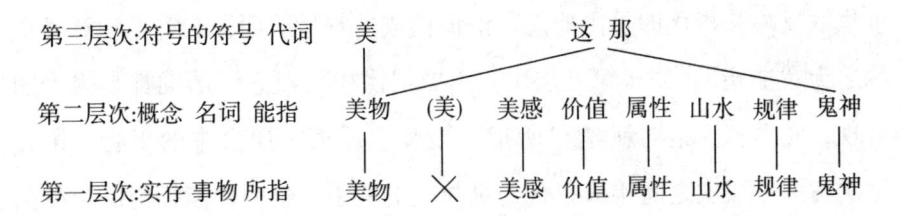

```
第三层次:符号的符号 代词    美              这  那
                          |              |   |
第二层次:概念 名词 能指  美物 (美) 美感 价值 属性 山水 规律 鬼神
                       |    |   |   |   |   |   |   |
第一层次:实存 事物 所指  美物  ×  美感 价值 属性 山水 规律 鬼神
```

人们的思维活动及社会信息交流活动都需要依靠概念暨语言。现实世界中，人们以语言来表达思维；思维中的概念在语言中表现为语词。语言属于第二信号系统，是符号体系，是思维得以活动的工具。思维以概念的形式运行，其指向则是现实世界中的实际过程；或者说，人是运用"能指"概念来进行思维并表达思维的，思维的内容则是"所指"事物。

根据客观世界的逻辑，语言的过程是现实生活和物质世界过程的反映，来自人类社会实践。世界中有什么，才可以用语言表示什么。概念、语言作为具有一定意义的符号体系，其中对具体实际事物的指代就表现为名词。生活中的情形是：实际事物存在于先，事物的名称形成于后，呈现为"事物—概念/名称"型的关系。用名词来表述的实际事物，可以是具体的（如桌椅板凳），也可以是抽象的（如关系、价值、规律）；可以是自然物质性的（如山川草木），也可以是社会性的（如民族、国家），还可以是精神性的（如思想、观念、理想、感觉、快感）；可以是真实具有的、本体存在性的（如客观物质世界），也可以是虚构的、幻想的、可能有的（如文学人物、鬼神、灵魂、外星人）。

客观逻辑合理地表现在符号学的理论中。按照符号学的表述来看待事物与概念、语言的关系，是这样一种结构：现实生活、物质世界是本原的存在，以此为基础构成符号学意义上的"所指"事物，虚幻的、可能的事物也可位列其中，它们共同处于第一层次；对第一层次中所指事物的反映和指代即是由概念、语词构成的符号层面，在符号学意义上称之为"能指"，属于第二层次。第二层次中的概念、语词都是思维的表现，其内容和指向就是"所指"事物，即第一层次中的事物。第二层次与第一层次之间构成指代与被指代的关系，也叫作能指与所指的关系。能指层面的每一个概念都对应着所指层面的实际事物，能指与所指之间是一一对应的，其对应关系的形成则是约定俗成的，具有偶然性。这既是一个基本事实，又是一个基本的逻辑原则，是我们认识"美是什么"命题合理性的依据。

正常情况中，每一名称概念之下都有一个与之相对应的所指事物。语言的稳定性使得概念与实际事物之间的联系非常稳固，成为生活中的一种惯常现象，一种不须证明或指明的前提，每一次现实生活过程都在验证着这种联系。当人在能指层面进行语言概念的表述活动时，其实际意义都是在指代所指层面的实存事物。即，人们说到某一个名词时，实际所指不是这个名词作为概念的存在，而是这个名词所指代的实际存在的事物。比如，"孩子吃进了苹果"这句话，一定不会被理解成概念的"孩子"吃进了概念的"苹果"，而是自然地被理解成真实的孩子吃进了叫作"苹果"的那个实际存在的东西。概念是不可能被吃进肚里的。当人们说"桌子是什么""空气是什么"时，并不是在问"桌子""空气"的概念是什么，而是要问叫作"桌子""空气"的实体事物是什么。

3. 语言实践中美概念的语义分析

"美是什么"命题得以成立的决定性因素，在于"美"概念之下有没有一个真实指代的实际事物。如果确实有，就可以探寻叫作"美"的这个事物是什么，其本质是什么，"美是什么"命题就可以成立。现在的问题是，虽然生活中存有美概念，美概念也被用作名词，但"美"概念从没有可以直接指代的事物。即，在第一层次中没有同第二层次中的美概念相对应的所指物。当人们说"某某物存有美"时，实际含义是说"某某物存有审美价值"；当说"创造出美"或"欣赏到美"时，实际含义是说"创造出美的事物""欣赏到美的事物"；当说追求"真善美"时，实际意义是追求美的价值指向、精神范畴。即，当"美"概念用作名词时，其实际意义是根据具体的语境而分别地指代"审美价值""美的事物""美的价值指向"等。"审美价值""美的事物""美的价值指向"在语言表述中是作为名词性概念存在的，它们都有自己的直接所指事物。但这些所指事物都不能被"美"概念所直接指代。可以被"美"概念所指代的，只能是指代这些事物的概念。"审美价值""美的事物"等表述只能作为概念，在能指层次上同"美"概念发生直接的联系，呈现为"N概念—美概念"型的关系。即，"美"概念并不直接地指代由"审美价值""美的事物"等概念所直接指代的实际事物，不能与这些实际事物有符号性的指代关系；总要以这些实际事物的能指概念为中介才能同这些实际事物建立起间接联系；而由"美"概念所表示的概念才与实际事物有直接的符号性指代关系。这种情形呈现为"N事物—N概念—美概念"型的联系。作为中介的、同实际事物有直接联系的具体概念才具有确切的、真实的作用，是实际事物的直接能指符号，是个合理的名词性概念。而"美"概念则是符号的符号，不具有本来意义上名词的性质和作用。符号的符号不是名词，而是代名词，在符号学结构关系中处于第三层次。所以，人们可以知道由"美"概念来表示的其他概念所指代的事物是什么；而从不可以知道"美"概念所直接指代的事物是什么。"生活中存有美"这句话，其实际意义

19

是说"生活中存有美的事物"或"生活中存有审美价值"。这句话中的"美"概念只能作为第三层次的存在而指代第二层次中"美的事物"概念或"审美价值"概念，绝不能作为第二层次上的概念而直接指代第一层次中实际存在的"美的事物"或"审美价值"。换言之说，美概念作为第三层次上的代名词，一定要通过第二层次中"美的事物"概念或"审美价值"概念才能指代第一层次中的"美的事物"或"审美价值"。在这组关系中，只能存有叫作"美的事物"的事物，不能存有叫作"美"的事物。

没有叫作"美"的事物，当然不能有美本质的问题，也不能有"美是什么"的问题。其实，人们以前一直是在代名词的意义上使用着美概念，只是没能形成清楚、自觉的认识而已。正是由于人们缺少正确的认识，才把实际上充当代名词的美概念当成了名词，并且形成了错误的美学命题，形成了错误的美学研究方向。现在，我们只要能清楚地把"美"概念理解成代名词，所有相关问题都可顺畅解决。当然，"美"概念作为代名词，不是"你我他"这类人称代词，也不是"这、那"这类一般代词，而是审美领域中的专有代名词。美概念作为代名词的现象和意义还没有进入语法书中。但这一实际意义是确实存在的，必须加以追认。绝不能以"现有的代名词中没有美概念"为由而予以否认。

四、"美"字的本义及衍变

既然没有一个叫作"美"的实际事物，为什么会形成一个被当作名词的美概念呢？产生这一结果的时代早已逝去，我们今天已经很难确切地知晓其中的缘由了。不过，还是可以根据一些材料对这一过程做出合理推测。

1. 关于美字本义的主要看法

以汉语中的美概念为例。目前，对于"美"字的本义，主要有两类观点，一类认为美字与审美有关，一类认为美字与审美无关。

认为美字本义与审美有关的一类观点中，有人认为美字与羊有关，主要形成"羊大则美"① 和"羊人为美"② 两种看法。其中，"羊大则美"的看法认为"美"字表现出与饮食、口味等生理性需要的关系；"羊人为美"的看法是认为"美"字是指人带有羊角状的头饰，表现出与图腾、舞蹈、装饰等社会性、精神性活动的关系。此外，也有人认为早期甲骨文"美"字字形的上半部分不是羊角而是毛羽，③ 是以毛羽为装饰而进行图腾、舞蹈等社会性、精神性活动。

认为美字本义与审美无关的一类观点以目前所发现的甲骨文卜辞中"美"字的实际用法为根据，认为"羊大则美"和"羊人为美"之类的解读主要是后人从字形出发加以揣测的，没有直接的证据，是"据小篆形体附会之谈"；甲骨文中有"在美""子美"的字样，说明"美"字"用为人名及方国名"。④ 还有资料说，卜辞中有"使人于美，于之及伐■""用美于祖丁"等字样，表明"美"字除用于地名外，还可"用作人牲"。⑤ 不过，"子美"的说法未必表示"子美"是人名，而是表明"美"字可能已经用作形容词了。

---

① 许慎：《说文解字》，北京：中华书局影印1963年版，第78页。
② 萧兵：《从羊人为美到羊大则美》，《北方论丛》1980年第2期。
③ 马正平：《近百年来"美"字本义研究透视》，《哲学动态》2009年第12期，第94页。
④ 于省吾主编，姚孝遂按语编撰：《甲骨文字诂林》，北京：中华书局1996年版，第224页。
⑤ 饶宗颐：《殷代地理疑义举例——古史地域的一些问题和初步诠释》（提要），http://csac.pku.edu.cn/structure/main_3/e/1.html。

2. 美字原始概念内涵揣测——由名词到形容词

美字字形是揣测美字本义的重要参考；而甲骨文卜辞的用法则是直接的语义学根据，表明了"美"字早期的含义。很可能，早期语言中的"美"字不与审美相关，或者至少存有过不与审美相关的"美"字。但不论早期的"美"字是否同审美有关，现在肯定是与审美有关。综合这些线索，需要思考的问题是：当初不与审美相关而是用作地名、人名或物名的"美"字怎么会演变为审美之"美"？为什么"美"字可能同羊或毛羽相关？我们可以从文化角度做出猜想。

以文字形态为依据，无论"美"字是同羊有关还是同毛羽有关，总之是同动物有关。我们可以从这个角度入手来思考。假设"美"字同羊有关，情形可能是这样的：原始社会时期，狩猎是重要的生产活动。当时，各种野羊的数量一定非常多，与其他大型动物比起来，羊更容易捕获。因此，羊很可能成为捕猎的主要对象，进而成为捕猎物及捕猎活动的标识或象征。原始时期的社会制度和文化习俗是，一个部落在狩猎活动结束后，会在一个公共场所对捕获物进行分配。分配生活物资的事情对任何一个部族来说都是非常重大的；同时，这也是前一阶段狩猎活动结束并获得成功的日子，一般都要为此而举行盛大的庆贺等礼仪活动。这种场合下人们一般都会载歌载舞，也一定会有所装扮。其中，主持活动的人也许就是装扮得最为典型的人。如果野羊是基本的捕获物或最具代表性的捕获物，很有可能成为装扮的主要样态。假设美字不是同羊相关而是同毛羽有关，则毛羽动物是代表性的动物。不过，一般来讲，还是以羊为代表更为可信。不论怎样，这两种情形都造成这种可能：最初叫作"美"的人，就是与礼仪活动相关的人；叫作"美"的地方，就是这样的公共场所。或者说，叫作"美"的人、物和地方就是进行与捕获物（也许以羊或毛羽动物为代表）相关的群体活动的人、物和地方。

分配食物的事情和相关的礼仪活动，一定会令当时的人对这些事情的发生地点和相关事物印象深刻，也一定会感到极为愉悦。怎样对这类愉悦的情感加以形容呢？在语言和词汇还相对贫乏的时代，最可能的办法就是借用已有的相关词。于是，对产生这种情感体验有突出作用的地方和事物的名称就被借用来表述这时的情感，"美"字因此由名词而衍生出了形容词的意义。

由名词而演变为形容词是例常现象。原始社会时期，人的思维能力比较低下，语言相对贫乏，形容词一般都要由名词转化而来。列维·布留尔（Lévy-Bruhl, Lucién, 1857－1939）引用的材料指出：

> 在俾士麦群岛，"没有名称来表示颜色。颜色永远是按下面的方式来指出的：把谈到的这个东西与另一个东西比较，这另一个东西的颜色被看成是一种标准。例如，人们说：这东西看起来象乌鸦，或者有乌鸦的颜色。久而久之，名词就单独作形容词来用……黑的用具用黑色的各种东西来表示，不然就直接说出个黑色的东西。例如，kotot（乌鸦）这个词是用来表示黑的。所有黑色的东西，特别是有光泽的黑色的东西都叫kotot"。[①]

把名词用作形容词的情形在今天也不鲜见。例如"这个人真阿Q"

[①] ［法］列维·布留尔：《原始思维》，丁由译，北京：商务印书馆1985年版，第164页。

"这个饭店真火"的说法。

不过，最初被形容为"美"的感觉还是利害性的快感，不是今日所说审美的感觉。后来，人能形成非利害性的愉悦快感了；非利害的愉悦感不同于利害性的快感，但人们最初不能把这两种快感加以清晰的区分，也不会想到另造一个词来对非利害快感加以形容和表述。意识有一种"熟知性"的特点，即"我们倾向于把陌生的感觉刺激归类为熟悉的知觉形式"[1]。因此，这时的人们最方便、最自然的做法就是以现成的"美"字来表述新出现的非利害性快感。于是，形成了"美"字用作形容词时的双重含义：既有"美好"之义，又有"美观"之义。在先秦典籍中，美好之"美"是非常多用的。相比之下，美观之"美"的使用倒显得个别、偶然。这说明，至少在当时，两者的区别不是很显著。美概念的"美观"之义只是在近代才凸显出来。

3. 美概念含义演变过程推测——由形容词再到名词

那么，作为形容词的"美"概念又是怎样具有了名词属性的呢？美国心理学美学家桑塔耶纳（George Santayana，1863-1952）的美论有相当的启示意义。他说，人们常常是根据自己的感觉来为事物定性的，"但凡我们从某物得来的感觉，本来都被当作它的一种属性"[2]。在这一思路的启发下，结合着现代心理学研究成果，可以发现感觉状态对观念形成的影响。日常生活中，人在吃到盐后会有咸的感觉，于是说盐是咸的，以为盐有咸的属性；吃到糖和甘蔗后会有甜的感觉，于是说糖和甘

---

[1] 程邦胜，唐孝威：《意识问题的研究与展望》，《自然科学进展》2004年第3期，第243页。
[2] [美]乔治·桑塔耶纳：《美感》，廖灵珠译，北京：中国社会科学出版社1982年版，第31页。

蔗是甜的，以为糖和甘蔗有甜的属性。以此类推，看到一些事物后会有美的感觉，于是说这些事物是美的，以为它们有美的属性。这时就由心理过程的类似而形成了感觉性质的混淆，并由感觉性质的混淆而带来认识的模糊。

咸味感觉、甜味感觉以及香味感觉等是生理性感觉，由特异的感觉通道所引起，即由味觉神经系统或嗅觉神经系统所引起。美感则不是生理性感觉本身而是经由生理性感觉（视觉和听觉）而形成的评价性感觉。一般来说，视觉和听觉不直接引起生理性感觉，除非光线过强而引起眼痛，或声音过大而引起耳痛。视听觉可接受大量而丰富的信息，由这些信息引发的评价性感觉可以立即被人所体验，似乎不须经由生理性感觉的中介。美感体验的即时性和过程同味觉、嗅觉体验的即时性和过程大致相同，致使人们把美感同味感、嗅感相等同。即，作为评价性感觉的美感被视同于生理性感觉，人们以为对象事物客观地存有美的属性。

生理性感觉也可以引发评价性感觉，如香味、甜味可以使人产生快感或好感，为什么人们不会把这种快感混同于生理性感觉而以为事物中存有"好"的属性呢？按照桑塔耶纳的观点，咸、甜等生理性感觉同具体事物之间的关系是很紧密的，能够产生这种感觉的物体也很有限。由生理性感觉生成的好感可以是"及时地同知觉分离的，或者落在另一器官上，于是马上就被认为是事物的作用，而不是事物的属性"[①]。所以，人们不会把同生存相关联的功利性快感客观化为事物的属性。但是，美的事物非常多，美的感觉也非常普遍。视觉不是仅仅同有限的几

[①] [美] 乔治·桑塔耶纳：《美感》，廖灵珠译，北京：中国社会科学出版社 1982 年版，第 32 页。

个事物相联系，而是同不可计数的事物相联系，人们很难发现美感同特定生理性感觉之间的联系。于是，

> 当感觉因素联合起来投射到物上并产生出此事物的形式和本质的概念的时候，当这种知性作用自然而然是永恒的时候；那时我们的快感就与此事物密切地结合起来了。同它的特性和组织也分不开了，而这种快感的主观根源也就同知觉的客观根源一样了。①

这些感觉过程的环节及关系可以用下面的图示来说明：

甜菜—味觉—甜感—好感

事物—视觉—视感—美感

甜菜是经由味觉形成甜感，再由甜感而引发好感的，甜感与好感之间的联系非常直接而确定；而一般事物经由视觉之后形成的视感（如颜色感、形状感）不像味觉那样单一而固定，一定的视感与美感的联系也不是固定不变的。在视觉中，事物外形所具有的意义要经由观念的作用才可引起情感反应；而观念的作用不像甜感那样明显，人们常常难以觉察。以至在人的体验中，美感是由对象事物直接引发出的。即，在对味觉的知觉过程中，甜感这一环节可以被人所体验，而在审美的视觉知觉过程中，视感这一环节是体验不到的。这就等于把视感这一环节拿掉而换上了美感，使得美感相当于甜感，即，使得甜感与美感成为对应环节，呈现为：

---

① ［美］乔治·桑塔耶纳：《美感》，廖灵珠译，北京：中国社会科学出版社1982年版，第32页。

甜菜—味觉—甜感—好感

事物—视觉—美感—好感

当人在体验过程的环节方面把甜感、咸感等由生理器官而形成的心理性感觉同美感这一评价性感觉相对应时，就会误以为美感的来源也是事物中所含有的性质。即，甜感与美感本是不同属性的感觉，不能对等；但感觉过程及感觉环节的类似使得它们的性质被混淆，使得评价性感觉被当作心理性感觉；结果是美感被客观化为事物中美的属性。

桑塔耶纳所揭示的这种心理特性和现象，可以在发展心理学和文化人类学方面得到印证。皮亚杰对儿童的认识发生过程做出长期的研究，认为，儿童认知能力发展时，

> 在建构的过程中，在空间领域里，以及在不同的知觉范围内，婴儿把每一件事物都与自己的身体关联起来，好像自己的身体就是宇宙的中心一样……①

在儿童那里，"由于自我还未分化，不能意识到自己，因而一切情感都以儿童自己的身体和行动为中心"②。儿童的"自我中心化"倾向使得儿童首先是以自己的感觉来理解外在客观事物的。这种情形非常符合自然过程，心理学研究表明：

---

① ［瑞士］皮亚杰：《发生认识论原理》，王宪钿等译，北京：商务印书馆1989年版，第23页。

② ［瑞士］J. 皮亚杰、B. 英海尔德：《儿童心理学》，北京：商务印书馆1986年版，第19页。

早期婴儿脑内接收的感觉信息多数是来自内脏器官和本体感受器，而知觉的发展还不足以提供意识体验借以产生的信息。从而可以肯定，意识产生的第一个基构的性质，基本上是感情性的（Spitz，1965）。婴儿以情绪的方式同世界发生联系。①

所以，在儿童的意识中，布娃娃是知道饿的，桌子是知道疼痛的，太阳是能看见东西的。在这种思维能力和认识程度之下，很容易把主观感觉当作事物的客观属性。

早期人类的思维状况同现代社会的儿童非常相似。维柯（Giambattista Vico，1668-1744）在阐释原始文化现象的原因时说："人类本性，就其和动物本性相似来说，具有这样一种特性：各种感官是他认识事物的唯一渠道。"② 相关研究指出：在人类自我体验的结构中，有目的、愿望、情感等主观的要素，当原始人类以此为基础来认识各种外在事物时，便不能不把人类自己的这些特性转移到客观对象上去。③ 这时，原始人常把属性、状况、性质"实体化"，例如把"穷孩子"说成"孩子的贫穷"，把"小的篮子"说成"篮子的小"。④ 在这样的表述中，形容词非常类似于名词。

---

① 孟昭兰：《婴儿心理学》，北京：北京大学出版社1997年版，第352页。
② ［意］维柯：《新科学》上册，朱光潜译，北京：商务印书馆1997年版，第181页。
③ 刘文英：《漫长的历史源头——原始思维与原始文化新探》，北京：中国社会科学出版社1996年版，第302页。
④ 刘文英：《漫长的历史源头——原始思维与原始文化新探》，北京：中国社会科学出版社1996年版，第266页。

4. 哲学意识在美概念名词化过程中的可能作用

美概念由形容词转化为名词的过程中，可能还有哲学意识的影响。美感及美的事物的普遍化造成一种误解，人们以为，既然不同的事物都可以有美的属性，说明有一种普遍性的、本质性的东西在起作用。所以，当柏拉图从其客观唯心主义立场出发寻找美本身时，这种普遍性就被看作是美的"理式"。按照柏拉图的思想，一切事物之所以存在，是由于先天存有着该事物的"理式"。床有床的理式，善有善的理式，美也有美的理式。柏拉图所说的理式在他看来是客观存在的，实际上是人的主观意识的表现，相当于黑格尔（G. W. F. Hegel, 1770 - 1831）所说的"理念"。不论是"理式"还是"理念"，其根据实即生活中概念的存在。柏拉图以概念的存在来肯定事物的存在，又企图通过为概念下定义的形式来理性地找出事物的本质及各种规定。他所说的"美"，本是一种观念性、概念性的存在，但这种观念性、概念性的存在，在其哲学思想中又是具有客观性、独立性的，相当于一个具体的存在物。于是，美概念观念性质的存在，被发展成客观实体性的存在。这一认识在柏拉图哲学中是非常合理的、自然的，但由于其唯心主义性质，必然是错误的。

当唯物主义观念被普遍接受之后，"客观"的意义为物质所独有。只要说到客观存在，人们必定想到物质性的存在。长期以来，在人们的观念中，"美"作为客观独立事物的地位已经固定下来，当人的哲学观从唯心主义立场转到唯物主义立场之后，不知不觉地在美学观念中发生了一个顺水推舟式的转变，赋予"美"以唯物主义基础上的客观性，更大地加深了误解。

这样，人们先是以客观事物来形容内心的感受，再把对内在情感的形容客观化为事物的属性，继而把客观化的事物属性当作实际存在的事物，最终完成了"美"概念从名词向形容词、再从形容词向名词的转化，树立了"美"是实际存在物的错误观念。

五、"美是什么"命题的谬误

在美本质和"美是什么"命题的不合理性已经得到论证的条件下，可以从逻辑前提出发来认定，所有按照这一命题方式做出的回答都不可能正确，似乎不必再劳神费力地对每一个美本质定义加以分析纠正了。但现实情况是，传统观念的影响实在是根深蒂固。至少在我国，仍有相当多的人以为，对"美是什么"命题的研究，必须是回答出"美"是个"什么"，否则就不算是问题的最终解决。在错误的观点看来，说叫作"美"的东西不存在，简直是荒谬透顶、睁着眼睛说瞎话。即使在"美"作为客观实体存在物的可能性已被普遍否定之后，人们仍要困守在错误的命题方式上，执着地按照错误的命题方式寻找问题的答案，以为美本质一定是存在的，乃至今天仍然时常有人宣布自己解答了"美是什么"问题。

这些错误观念和错误解答使得"美是什么"命题造就了学术研究中罕见的一种诡异定律：只要自以为是正确的解答，这个解答一定在证明着自己是错误的；只要是对"美是什么"命题的合理性加以肯定，一定是在对"美是什么"命题的合理性加以否定。也就是说，所有对"美是什么"问题的回答都在证明这一回答是不正确的，因此不是个回答；所有试图说明"美"确实是个存在物的理论，都在说明着"美"不是个存在物；只要是说美是什么事物了，这个事物肯定不是美；只要对美是什么命题做出回答了，这个回答一定是在进行着自我否定。目前所有对美本质的回答及对"美是什么"命题合理性的肯定都没能逃脱这一定律。

在这一定律影响下，所有美本质研究及其理论观点都在时时地发挥着消极的影响，阻碍着美学研究走向正确的方向。因此，非常有必要对这一诡异定律的内在原因和表现加以揭示。

1. "美是什么"命题谬误的逻辑根源

美本质研究中本不应该出现"美是什么"问题。这一问题的出现是美本质研究的巨大漏洞，具有先天的不合理性。

人们之所以要研究美本质问题，是为了认识"美"的实质，为"美"下个定义。如果要研究"美"的本质，为"美"下定义，其必备的前提条件是"美"的已然存在，即在第一层次上存有叫作"美"的事物。例如，我们要研究"空气"的本质，为"空气"下定义，叫作"空气"的东西应该是个已然的存在物；我们要说明"人的本质"，必须以人的存在为前提。但是，美本质研究中，并没有一个叫作"美"的事物已然地存在于人们面前，人们不得不先去寻找这个事物。于是，美本质研究转变为对"美是什么"问题的研究。

"美是什么"问题的提出，表明人们不知道"美"是什么。既然如此，就表明不存在一个叫作"美"的事物，因而不应该提出"美是什么"问题。因为："美是什么"命题的前提是"美"已经是个实际存在的事物；只有在叫作"美"的事物已然存在的条件下才能有它是什么的问题。而如果叫作"美"的事物已然地存在着，就应该被人所知晓而不必再问它是什么。所有人类视野中存在的事物都是已经被人们所知晓的事物，只有被人们所知晓的事物才是可以确定存在的事物。既然叫作"美"的事物是存在的，就应该被人所知道而不需要寻找。所有人都没有见过、所有人都不知道的事物不是个实际存在的事物。人们是由于不知道才需要去寻找，而一旦不得不去寻找，说明叫作"美"的事物不存在。并不存在的事物当然不能被人所知晓。既然叫作"美"的事物不存在，就不能作为已经被肯定存在的事物而构成"美是什么"命题的前提。问一个并不存在的事物是什么，显然是非常不合理的。"美是什么"命题是在肯定着本来不存在的事物的存在，就在命题自身的内部暗藏着深刻的逻辑矛盾，具有不可克服的荒谬性。

2. "美是什么"命题谬误的思维—语言根源

如果人们明明知道一个事物不存在，自然不会费尽气力去寻找它。历来的美学研究之所以要寻找一个本不存在的叫作"美"的事物，原因在于人们以为这个事物确实存在。而人们之所以会形成这样一种看法，根据就在语言表述里——人们确实经常在谈论着美。这就清楚地表明，人们所说的、所以为有的，只是在符号、概念层次中存在的"美"。这样的"美"只能是美概念。就是说，在"美是什么"问题的研究中，是尚未有"实"即有了"名"，人们是从"名目"出发而去寻找"实物"的，完全是本末倒置。

按照生活的逻辑，只有已经存在的事物才可以有个名称，凡是有名称的事物都表明它是已经被人所知晓的事物。有名称而又被人所知晓的事物当然是个已然存在的事物；既然是个已知的存在事物，就不需要再问它是什么。如果说到"美是什么"，则"美"概念就是"美"事物的名称，说明已经有一个"美"事物被命名为"美"了。既然已经把这个事物命名为"美"，说明人们已经看到或知道这个叫作"美"的事物了，因此没有必要问"美"是什么。如果非这样问不可，说明人们不知道叫作"美"的事物是什么。但是，一个不被人所知的事物怎么可以被命名呢？说明：美概念不是对美事物的命名，因此不是合理的名词性概念，再因此表明没有一个可以被美概念指代的美事物。即，没有一个叫作"美"的事物。

在生活中，如果人们找寻一件丢失的东西，或以前曾有而现在没有的东西，那是合理的，前提是这件东西曾经存有过，只是现在没有看到它、没有拿到它而已。美学研究中恰好相反，人们天天在谈论着"美"，似乎是在拿着"美"、看着"美"，但不知道"美"是什么，说明人们所拿着的、看着的"美"不是一个实际存在的事物。同时说明，此前的美学研究一直是在寻找一个并不存在的事物。

只有名称、概念而没有真实事物的事例，生活中也有一些，例如"鬼神""灵魂"等。不过，这些概念的形成，倒不是凭空捏造，而是出于对生活和自然现象的误解。人们依据幻想在观念中制造出这些事物，并给予相应的名称。鬼神、灵魂作为观念中的事物仍是个确切的存在物。文学作品中虚构出来的人物皆可作如是观。不过，人们对这些概念真实性的认识相对容易一些。人们已经知道，鬼神、灵魂概念的存在不等于真实事物的存在；现在，人们只在比喻、形容等方面的意义上使用它们，绝不会以为它们可以指代真实的实际事物，绝不会提出"鬼神是什么""灵魂的本质是什么"之类的问题。

再比如，在对宇宙起源、发展过程的探讨中，"暗物质"或"反物质"的概念合乎逻辑地被提了出来。尽管人们还不知道是否真的有"暗物质"；如果有，将会是什么，但从宇宙演化规律和观察现象中可以合乎逻辑地推断，"暗物质"应该有或可能有。"暗物质"这一概念，也就表示这种未知的、可能的存在事物，是个真实概念。由于"暗物质"这一概念的提出是有根据的，所以，尽管人们现在还无法做出回答，也可以在假定存在的前提下合理地提出"暗物质是什么"命题。

可是，在美本质及"美是什么"命题的研究中，人们从来都是把"美"当作确实的存在，没有认识到它的虚空性或假定性。

在"美是什么"命题面前，人们常常是身陷误区而不自知，常常把错误的思想当成天经地义般的正确。究其原因，主要在于没能分清事物本身的存在与事物符号表现的区别。我们不厌其烦地、颠来倒去地讲述"美是什么"命题中的逻辑问题，其关键之处在于美概念与美事物的区别和联系。

语言的特性之一，在于它是思维的表现方式，是思维的物化形态。语言和思维紧密黏着在一起，所有思维的内容都由语言来表述，所有语言的意义都由思维来理解。语言只是思维的工具，语言和思维的作用全部体现在思维的内容上，而思维的内容都是指向具体事物及其进程。在日常生活中，人们只需关注语言所表达的思维内容，不需要意识到自己所说的话语是符号性的还是有实际所指的。语言习惯中形成的不言而喻的逻辑前提是：除非另设前提或有特定用意，否则，只要说到一个名词了，其思维一定是指向这一名词的所指对象物。

由于语言与思维的黏着关系，错误的思维可以造成错误的言语表达，错误的语言表达又可以巩固和加深错误的思维。长期的对于美概念的误解，包括美概念的名词性用法和"美是什么"句式的使用，已经在人们的思维中打下很深的烙印。"美"字的概念意义上的名词性总是在人们的思维中起着规导的作用，人们总是自觉不自觉地把美概念用作名词，很难把美概念同它不应有的名词性分离开来。正如语言和思维学研究所证明的那样，要想"将物体的名称和它的属性分开是何等困难，当物体名称转换时，物体属性紧紧粘附着物体名称，就像财产紧跟着它的主人一样"。① 在生活中，人们对待实际的名词时是这样，对待虚假的名词时也是这样。这种惯性作用给美学研究带来不少疑误和困难。所以，当我们说到"美"字时，一定要明确自己说的是美概念还是美事物。在思维定式的习惯作用下，在语言的一般化逻辑前提下，如果单独地说到"美"，不言而喻就应该是指美事物。为了清晰而准确，当在概念的意义上说到"美"字时，一定要特意标明是"美概念"。如，"美是美感"的说法在逻辑上是不能成立的，"美概念表示美感"的说法则在逻辑上可以成立。再比如，常常有"美是形容词""美作为词和概念的区别"等说法，其表述的本义应该是在说美概念或"美"字是形容词，"美"字可以作为词或概念。但如果把"美"字或美概念直称之为"美"，就陷入混淆状态而出现逻辑错误了。

3. "美是什么"命题谬误的事例表现及分析

在审美领域中，"美"字既可用作形容词，也可用作名词。用作形容词没有问题，也没有争议。美学研究中的问题出在"美"字的名词用法上。究竟是错误的用法造成了错误的研究，还是错误的研究造成了错误的用法，尚可仔细分辨。现实理论研究的表现是，美本质和"美是什么"命题研究中的错误都与"美"字的名词性理解有关。

"美"字用作名词时的实际使用有两类情形和意义。第一种是直接充当代名词，主要表现在日常审美生活的语言表述中，"美"字基本上用作宾语。如，当人们说"花朵是美"时，实际意义是说"花朵是美的事物"，"美"概念指代"美的事物"概念；当人们说"花朵存有美"时，实际意义是说"花朵存有审美价值"，"美"概念指代"审美

---

① ［俄］列夫·谢苗诺维奇·维果茨基：《思维与语言》，李维译，杭州：浙江教育出版社1997年版，第140页。

价值"概念，如此等等。此时，"美"概念同"美的事物""审美价值"等概念之间是第三层次与第二层次概念之间纵向的指代与被指代的关系，美概念是其他概念的符号，不是实际事物的符号。美概念实际上被用作代名词，其功能和内涵是约定俗成的、合理的；现在只需在学理上加以认可就行了，其用法可以继续下去。

审美领域中"美"概念实际使用的第二种情形和意义是充当名词的角色，主要表现在理论阐述中，"美"字基本上用作主语。这里又有两种思路和应用方式。一种是以为有个美事物存在，但这一事物的内在规定性还不知道，因此要对这一事物的内涵加以说明，如说："美是主客观的统一"，"美是自由的形式"，"美是人的本质力量对象化"。另一种是以为有个美事物存在，但它究竟是个什么事物还不知晓，因此把它整体地看作未知事物而直接地等同于另一个已知事物，如说"美是美感""美是价值"等。

第一种思路和方式，如"美是自由的形式"之类的说法，相当于为美事物下定义，或者为美事物的内涵做出说明。如前所述，为事物下定义的必要前提，是被定义的事物必须是一个已然的、确切的存在物。例如，当为"动物"下定义时，"动物"已经是个确切的存在物；当为"宇宙"下定义时，"宇宙"也是个摆在人们面前的确定存在物。可是，当为"美"下定义时，还没有一个摆在人们面前的叫作"美"的确定存在物。所有对"美是什么"命题做出回答的第一种方式都缺少被说明的主体，都是在对一个虚空的事物做出种种说明。这种说明是无的放矢的，当然是无效的，不能成立的。

除了缺少被说明的主体之外，这些定义所要说明的内容也是不可成立的。例如"美是自由的形式"的说法。"自由"只是审美对象内容方面的规定性，而审美时，审美对象的形式表现方面是非常重要的；同样具有"自由"内容的形式，可以是有的美、有的不美。一块玉石和一团泥巴摆在一起，人们当然大多喜欢玉石。但我们就不能说玉石中含有自由而泥巴不含有自由。再如"美是在人感受事物的过程中事物的使人产生愉快的部分"的说法。"部分"是与"整体"相对立的结构因素，不是具体的事物，世上所有的事物都可以是某某结构中的部分。如果要为美事物下定义，重要的是说明美事物能够"使人产生愉快的部分"是什么。这一说法等于绕了一圈又回到原地。

  为了对美事物的定义能够"有的放矢"，对"美是什么"命题的回答不得不采用第二种思路和方式，即把"美"规定为某个已知事物。"美是美感""美是价值"等说法当属此例。但当在这个意义上说"美"是什么时，它所"是"的总是"事物与概念关系"中第一层次的另外一个事物。这个事物是现存的，并且已经有了一个名称。这种情况下回答"美是什么"问题，实际表达的是同一层次中美概念与其他概念间的联系，等于是在询问与美概念等义的其他概念所指代的事物的本质。即，在"美是美感""美是价值"等说法下探究"美本质"，等于是在探究"美感"的本质、"价值"的本质。本来，"美是什么"命题要求回答叫作"美"的事物是什么，是要找出第二层次上的美概念与第一层次上的实际事物之间的直接联系或直线联系。但在事实上，第一层次中没有一个美事物，因此第二层次中就不能有一个作为名词的美概念。如果美概念在第二层次中作为名词存在，就不具有独立的地位而只能充当其他名词的等义词的角色。这时说到"美是什么"时，并不是直接回答出了"叫作'美'的事物是什么"的问题，而是以"某某事物又叫作'美'"的方式敷衍了事。为使理论表述具有直观性，可以参看下图。

美概念用作等义词：

```
第二层次：  (美)   美物 美   美感 美   价值 美   西红柿 番茄
             |      \ /       \ /       \ /        \ /
第一层次：   ×      美物       美感       价值       西红柿 番茄
```

由图示可见，在美概念与其他概念同义或等义的这几组关系中，分别可以是：美物概念和美概念等义，同指美物事物；美感概念和美概念等义，同指美感事物；价值概念和美概念等义，同指价值事物。这就如同西红柿概念和番茄概念等义，同指西红柿-番茄事物一样，不是说有一个叫作"西红柿"的事物，另有一个叫作"番茄"的事物。

美本质研究中曾经一再地出现"美是美感"的论点，我们且以这一论点为例具体而全面地加以分析。从逻辑上看，"美是美感"论点存在的问题主要有以下两大方面。

首先，"美是美感"说法中的"美"字是指美事物。如果这样，则：

（1）如果说到"美是美感"，则等于承认"美"是个独立存在的实际事物，美事物应该在第一层次中存在；如果美事物是第一层次中存在的事物，就应该被人所知晓而不需要再问它是什么；既然是在问它是什么，说明人们对它并不知晓；既然人们还并不知晓，就没有根据肯定它是第一层次中的实际存在物。"美是美感"的说法不合逻辑。

（2）如果"美是美感"的说法没有肯定美事物的已然存在，就不能把一个不存在的事物说成是已然存在的美感事物；"美是美感"的说法不能缺少逻辑前提。

（3）如果叫作"美"的事物的确是第一层次中的实际存在物，它就应该是它自身而绝不能是第一层次中的美感事物，也不能是任何其他事物；在第一层次中说一个事物是另一个事物，就相当于说"牛是马"，"水是山"，绝对不符合逻辑。

其次，"美是美感"说法中的"美"字是指美概念。对"美是美感"的说法，如果不计其语言逻辑的错误而取其立意以使其得以成立，必须改换逻辑前提，或者附加解释、限定，使得这里所说的"美"字，不是美事物而是美概念，形成"美概念表示美感"或"美概念指代美感"的说法。如果这样，则：

（1）这就表明，事实上在第一层次中不存在美事物；因为如果第一层次中存在一个美事物，它就应该在第二层次中有一个名称，这个名称叫作"美"，不需要叫作"美感"。由此可以推断，"美"概念不是真实的、具有独立性的名词，没有直接的所指对象物。

（2）如果"美概念表示美感"的说法可以成立，则表明美感事物另有一个叫作"美"的名称。这时，叫作"美感"的事物还是原来那个事物，只是在原有名称之外又加了个名称。等于说，在美感这一实存事物之上，并列地有了两个名称，美感这个事物既叫作"美感"，又叫作"美"。此时，第二层次上的"美"概念和"美感"概念同指第一层次上的美感事物；在这种情形下，概念虽是两个，事物只是一个。这个事物本来已经叫作"美感"了，再把它叫作"美"，如果大家都认同，也无不可；而这就表明，除了原来叫作美感的事物外，并不另有一个独立的叫作"美"的事物。绝不能说，当美感又叫作"美"时，可以在美感之外再生出一个独立的美事物。这样，还是等于否定了叫作"美"的事物的存在。

（3）把"美"概念当作其他概念的同义词，将会造成语言表述的混乱，严重违背生活实际，违背逻辑，非常不可取。例如，"美是美感"的说法就等于是：当我们说"创造美""欣赏美""事物中存有美"时，是在说"创造美感""欣赏美感""事物中存有美感"，其荒谬是不言而喻的。

与此相类似，"美是价值"的说法也很普遍。这种说法表面上看可以理解为：叫作"美"的事物是一种"价值"，"价值"是对"美"的说明。但是，"价值"事物是已知的、可确认的；"美"事物是不知的、不可确认的。在这种条件下说"美是价值"，其所能具有的意义不过是为已有的所指事物另外添加能指概念，即把原本叫作"价值"的东西再称之为"美"，使之成为"美"概念所指代的实存事物，等于说价值又叫作"美"。所有美是某某事物的说法都存在这些问题。

现实生活中，也存有同一个事物有多个名称的现象。例如前述的"西红柿"和"番茄"。第二层次上西红柿概念和番茄概念并不分别地指代在第一层次上的不同所指物，而是共同地指代第一层次上的同一个事物。因此，不可能出现第一层次上"西红柿是番茄"的情形，只能出现第二层次上西红柿又叫作番茄或番茄又叫作西红柿的情形。"西红柿又叫作番茄"的说法可以反向地转换成"番茄又叫作西红柿"。而"美感又叫作美"的说法就不能反转成"美又叫作美感"。因为，"美感又叫作美"的说法是从第一层次上美感的实际存在出发的，美感的存在有合理的根据，在被共同认可的条件下可以为美感另加一个称呼。而"美又叫作美感"的说法将是从第一层次上"美"的实际存在出发的，应该以"美"的存在为根据，而这又是子虚乌有的，不可能出现为子虚乌有的事物另加一个名称的情形。

因此，所有对"美是什么"命题的回答都必然是对自身的否定，只要说"美"是什么了，就是在表明没有叫作"美"的东西。

六、美本质研究的终结

美本质研究进行了两千多年，世界已经进入高度现代化、科学化的时期，具备了解决美本质问题的条件；美本质问题的研究可以在新的材料基础之上终结了。

1. 美本质问题的解决可以有多种方式

对美本质问题的解决，可以有多种方式，我们的思路应该宽阔一点，不能固守在传统思路上一错到底。现在看来，这一问题的最终解决至少可有两种方式：一是对命题所提出的问题做出直接回答；二是对命题本身的合理性做出回答。第一种解决方式的前提是命题具有合理性，即命题所追问的"美"虽然是未被说明的，却必须是个真实的或可能真实的事物。第二种解决方式的适用情形是命题不具有合理性。如果一个命题是虚假的，自然不可能按照该命题的设问方式得出正确答案。对于"美是什么"命题，逻辑分析已经证明采用第一种解决方式是不可行的，只能用第二种方式来解决。对一个命题加以解决的方式不一定是"解答"；对美本质问题的解决并不一定在于对"美是什么"命题做出了解答。认识到了该命题的不合理性，有可靠根据地消解该命题，代之以正确合理的命题，正是对美本质问题的合理解决。

一些人以为，"美是什么"命题之所以没能解决，其原因仍然在于人们没有找出"美"是什么；美本质研究就是要不断地找下去，直至永远；甚至以永远不能解决问题为美本质研究的最终目标。追问原本就没有的东西"是什么"，显然如同水中捞月；沿着"美是什么"命题应有之义的方向发展，的确可以预计到，永远不会有对于该问题的正确解答。美本质研究的发展趋向已经鲜明地昭示了美本质研究的不合理性，但仍有相当多的学者盲目地、无根据地肯定"美是什么"命题的合理性，使美本质研究陷入一个要以不合理性来证明合理性的误区。如果"美是什么"命题的合理性只能以找到了"美"是什么为证明，将形成荒谬的结果——为了知道"美"是什么，就要在不合理的命题下开展研究；在不合理命题下开展的研究又不可能取得正确答案，所以"美是什么"的问题永远无法解决，该命题的合理性永远无法证明。如果美学研究真的要这样进行下去，实在是一场学术悲剧。美学研究将丧失生命力，失去意义。不合理的命题没有继续存在的理由，必须加以否定。只有这样才能克服无所作为的回避与"悬置"，合理地解决美本质问题，为美学理论提供合理的逻辑起点。

2. 美学研究的设问命题应该是"美概念表示什么"

当然，一般说来，人们总是首先尝试用第一种方式来解决问题。人在面对未知事物时，很自然的要问一个"为什么""是什么"。在绝大多数情况下，这种发问是合理的。

但是，美本质问题则是个例外。反复的研究一再昭示人们，虽然生活中确实存在"美"字或美概念，但"美"概念作为名词，是不是真的有个所指事物还是个未知的问题，所以，对这一未知问题的解决应是美学研究的第一步。只有在该问题已得到肯定性回答的基础之上，才可以进一步追问这一事物是个什么。正是在这里，显示出几千年美学研究思路上的误差：在"美"概念作为名词的真实性尚未得到肯定性回答之时，人们就想当然地把它加以肯定并以这一虚假的肯定为前提而盲目地迈出了第二步。如果世上真的存有叫作"美"的事物，这第二步尚可以踏在实处，取得与惯常思维、惯常行为同样的效果。可是美概念偏偏没有真实的所指对象，所以这第二步就只能踏在虚空中，造成美学研究的长久困惑。

在谬误的行进方向上，不可能从研究结果上自然地找到解脱的出路。只有借助于"反思"才可以恢复到坚实的元点，重新开始正确方向上的探索。对几千年的错误加以反思所得出的积极成果，就是认识到，现代性的、科学化的美学研究必须转换思路和设问命题，不是不加批判地从先期概念出发追问概念的本质，而是从现象出发对概念加以辨析，追问现象的本质。美学的设问命题不应是"美是什么"，而应是"美字的内涵是什么"或"美概念表示什么"。当我们发现美概念不是名词而是形容词或代名词时，就可以知道，美学研究中没有美本质问题，只有"审美活动的本质"问题。

3. 否定了美本质问题不是否定一切美学研究

否定了"美是什么"命题的合理性，消解了美本质问题，是不是否定了所有的美学研究呢？不是的。"美是什么"命题的提出是正常的、合理的，符合当时人们的认识能力和知识范围。虽然以往所有的美本质言说都不能成立，但在美本质问题的不合理性尚未得到论证之时，这些言说方式和言说意图还可以说是合理的。随着研究的进展，当人们认识到"美"概念的虚空性时，这一命题就失去了合理性，在今天则完全是个必须加以抛弃的伪命题了。在美本质问题的不合理性已得到论证之后，再做出没有根据的言说，就不具有合理性了。此外，对"美是什么"命题和美本质问题采取"悬置"等回避态度，也是不符合学术精神的；既是理论乏力的表现，又是理论体系不贯通的表现。

否定了美本质问题，是不是要取消美学学科的存在呢？长期以来，美本质研究一直是美学的学科性得以成立的基本内容。但学科本身与学科中的命题毕竟不是生死与共的。一个学科的形成是由知识领域的客观样态及研究进程所使然,而设问命题的提出则是主观认识的结果。既然是主观认识,就有发生错误的可能。否定了一个错误的设问命题不等于否定了整个学科。美学可以在新的设问命题下继续发展。

"美是什么"命题虽是伪命题,但在长期的美学研究过程中,也曾起到积极作用。人类的认识是在不断纠正谬误的过程中发展起来的,谬误的发展本身就在积聚着纠正谬误的力量。错误的命题只能在错误的研究中才能暴露其错误性。没有几千年错误道路上的美学研究,就没有今天正确方向的重新开辟。可以说,认识到"美是什么"是伪命题,正是几千年来美学研究的积极成果。因此,尽管以往的研究思路和研究方向是错误的,依然有其不可磨灭的功绩和贡献。但同时,错误方向上的研究只有在导致了正确方向的重新设立之后才能显现出正面的价值,使否定性的研究具有肯定性的意义。在学术研究达到这种根本性的转变之后,如果仍然在原有的错误方向上行进,就是在坚持错误,走回头路了。

4. 在正确认识前提下沿用"美"的传统说法

如果说,"美"概念作为名词是不合理的,那么,我们在日常生活语言中的使用,如发现美、创造美、真善美等说法中的"美",是不是都不可再用了呢?是不是就要否认生活中存有美了呢?

生活用语与科学化的学术研究有所区别。语言是约定俗成的,习惯化的。平常人的错误理解不影响实际思维的表达和交流;但专业研究出现了错误的理解则势必带来理论的错误,最终影响到审美实践。我们必须对传统习惯说法中的具体含义加以辨析,清醒地认识到美概念的代名词性，并在这一认识下理性地沿用传统习惯的说法。正如，自古以来人们都从经验出发说"太阳从东边升起"，而科学证明是地球围绕着太阳自西向东旋转。明白这个道理之后，仍然可以按照语言习惯继续说"太阳从东边升起"，但一定不能再以为这是事实，不能把它当成科学。

生活中没有第一层次上的美事物，就是说没有一个叫作"美"的事物；但生活中存有美概念，存有"美"字。"美"字毫无争议地可以用作形容词，在语句中充当定语和谓语，如说"美的花草""花草很美"。充当谓语的"美"字基本上都是形容词，其使用都是合理的；我们可以继续在原有意义上说事物美或不美。当然，"美好"一词作为形容词，作为对生活中善恶价值判断的表示也是合理的。需要在科学化的美学理论基础上新认定的是：当"美"字在语言实践中充当宾语时，如说"劳动创造了美""生活中存有美""追求真善美"，其实际意义和地位是作为代名词而指代美的事物、审美价值、审美属性、美的范畴及价值指向等。美的事物、审美价值、审美属性、美的范畴及价值指向都是生活中的确切存在。如果我们清楚地认识到，这些事物都是由"美"概念来指代，或者说"美"概念的实际意义就是对这些事物的指代，则可以在这个意义上一般地说美的事物、审美价值、审美属性等都是"美"。但是，这绝不意味着世上存有一个叫作"美"的事物，因此在学术研究中，在理论中，不能形成美本质问题和"美是什么"命题。"美"字充当主语时，具有名词的词性和意义，形成"美是什么"之类的表述。由于美概念没有直接的所指对象物，因而不能真正具有名词的身份，其用法是错误的。

综合起来说，审美领域中对于"美"概念的使用，可以有以下几种方式：一是用作定语和谓语，"美"概念充当形容词，这是合理的；

二是用作宾语，"美"概念实际上是充当代名词，这是约定俗成的，因而也是合理的，但必须对"美"概念的代名词性加以清醒而科学的认识；三是用作主语，"美"概念充当名词，这是不合逻辑的，必须加以否定的。

美本质问题研究的结束并不是美学研究的结束。审美活动是确实的存在，是实际发生的过程。美学研究应该以审美活动为研究对象，探讨审美活动的本性或内在机制。由于美本质、"美本身"并不存在，因此，审美活动中本来没有它们的地位和作用。我们之所以要细致深入地对美本质问题的研究进行研究，是因为这一问题曾经是并且现在也还是美学研究的主要内容，是当前主要美学思想、美学学派进行理论阐述时的逻辑支点。如果不破除这一错误的逻辑支点，就不能建立合理的逻辑支点，不能开启合理的研究方向。我们应该在正确的逻辑支点上进行合理的美学阐释。

第二章

审美发生之前的无审美状态

一、审美的基本特征暨有无审美的判定标准

我们对美本质问题的分析表明，世间没有一个客观的、实际存在的叫作"美"的事物；因此，人不可能像知觉到客体事物那样知觉到"美"；也不能像产生颜色感、形状感那样产生美感。如此，只能有一种可能：所有美的事物，所有可以成为人的审美对象的事物，本来都是一般事物；一般事物之成为美的事物，不能是由于含有了美属性或美本质的缘故；而人的美感既然不能由本来具有的美本质、美属性所引起，就只能由一般事物所引起。这就势必形成这样一些问题：一般事物怎样成为美的事物？美感怎样在对一般事物的感受中形成？或者说，世上原本没有美的事物，美的事物怎样形成？世上原本没有美感，美感怎样形成？世上原本没有审美，审美怎样形成？由没有到有，即从无到有。人类的审美活动是怎样从无到有的？这些问题都要靠审美发生研究来回答。

1. 审美活动的特征

审美发生研究是认识审美活动本质特征的必要途径。任何一门学科的研究都要有自己的研究对象和研究的起点。研究对象是这门学科所涉及范围内的现象，研究的起点则是对这些现象特征的认定。美学的研究对象是人类社会中的审美活动及审美现象，它有什么特征呢？即，什么样的活动才算得上是审美活动呢？

人们在对审美现象加以思考时所要知道的，就是美学所要研究的。人们想要知道的，是今天人们实际审美活动的奥秘，因此希望找到今天人们审美活动的特征。经过审美理论的长期发展，人们明确地认识到，审美时所面对的客观对象不是事物的内在利害属性和价值，而是事物的外在形式、形象。由此构成审美活动的基本特征——它是对事物外在形式、形象相对独立地加以知觉并因此而产生愉悦性情感体验的过程。由于审美活动带有形式知觉的特征，不是实用需要得到满足的活动，因此具有非常鲜明的特点——非利害性。所谓审美发生，就是非利害性形式知觉活动的发生。

2. 利害与非利害概念的含义

什么叫"非利害性"？首先要明确什么是"利害性"。利害性是有利性和有害性的统称，具有中性的意义，可以从如下两个方面来理解：

第一，关于利害性的所指对象和适用范围。一般利害性所表示的是事物用途与其目的之间的关系，凡是能满足一定目的和需要的用途和功能都具有有利性，也称为"功利性"。但是，"功利性"概念在时下的理解中常常带有狭义的、自私的意味，容易引起误解，因此需要以"利害性"这一更带有中性意义的概念来规范。审美可以说是为满足审美需要的活动，因此审美也应该说是具有有利性或功利性的。但是如果这样来认识审美的性质，就谈不上审美的非利害性了，而且世界上没有任何一件事情能够说是非利害性的了。因此，我们必须做出一个界定：

不是笼统地看待人的需要及其满足，而是把人的需要分成两大类，一类是与生存活动相关的实用性的需要；一类是不与生存活动相关的非实用性的需要即审美需要。对生存实用性需要及其满足叫作功利性的或利害性的，对非生存实用性需要及其满足叫作非功利性的或非利害性的。

还有一种对审美利害性的理解是：审美有利于人类的健康发展，有利于社会的进步，因此具有功利性，也就是具有利害性。不过，这种情形表现的是审美活动对社会的反作用，是人在完成审美活动之后所形成的效用。审美活动完成之后所具有的社会功用是毋庸置疑的，理当具有实用的利害性，与一般实用性活动的社会作用没有区别。但审美活动活动完成之后的社会功用不能等同于审美活动本身的性质，我们可以把它归结为审美活动的社会功用问题，不归于审美活动本身的利害属性问题。非利害性和利害性概念内涵及适用范围可见下面的图示：

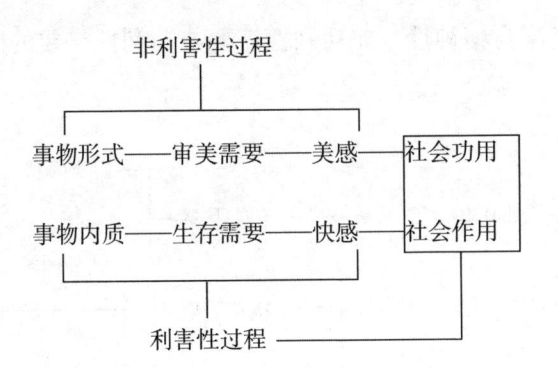

```
                     非利害性过程
                   ┌──────┴──────┐
        事物形式——审美需要——美感 │社会功用│
        事物内质——生存需要——快感 │社会作用│
                   └──────┬──────┘
                     利害性过程
```

第二，关于"利害性"的内涵。美学中的"利害性"概念专指与人的生存需要直接关联的价值属性。生存需要可大致分为三类：第一类是生理性需要，与人的自然属性相关联，最直接地影响到人的生存状况，如饮食、睡眠、安全等，是人类基本的、首要的利害性需要。第二类是社会性需要，如对社会地位、社会关系的需要；人是具体的社会存

49

在，现实社会中，人的社会存在状态极大地影响着人的生存状态；上层社会地位或下层社会地位、统治阶级地位或被统治阶级地位都直接地影响到物质利益的满足。第三类是精神需要，如荣誉感、道德感、幸福感、亲情、爱情、尊严、理想、自我价值的实现等。精神感觉是自然生存状态和社会存在状态的直接反映，因而具有利害性需要的性质。

所有这些利害需要之外的需要才是非利害性需要。当今人类社会中的非利害性需要主要指审美需要。审美需要带有浓烈的观念意识的性质，许多人因此把审美需要理解为精神需要，并以为既然审美是精神性的，就可以用人类活动的精神性解说审美的非利害性，以为审美的非利害性来自精神性。其实，非利害性与精神性没有必然的等同关联。精神需要也可以分为两类：一类是实用利害性的精神需要，另一类才是审美的非利害性的精神需要。精神性的需要并非都是非利害的，审美需要的非利害性不是来自精神性。非功利性需要与功利性需要的区别可见如下图示：

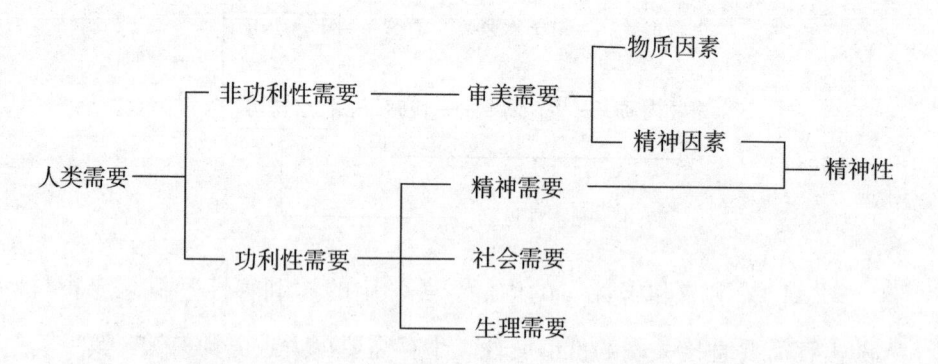

```
                                    ┌── 物质因素
                 ┌── 非功利性需要 ── 审美需要 ─┤
                 │                              └── 精神因素 ── 精神性
人类需要 ────────┤                  ┌── 精神需要
                 │                  │
                 └── 功利性需要 ────┼── 社会需要
                                    │
                                    └── 生理需要
```

3. 利害性快感与非利害美感的体验性区别

需要的性质决定了情感反应的性质。凡是因利害性需要得到满足而形成的愉悦感都是利害性快感，简称"快感"。如：进食美餐后的舒适感，竞选成功后的喜悦，获得奥运会冠军荣誉后的兴奋，等等。与此不同，审美活动是对事物形式加以知觉并形成愉悦感的过程。

需要的性质和情感的性质与人把握客体对象的方式密切相关。利害性需要的满足及利害性情感的形成来自对客体事物内在性质即其利害价值的掌握和获取；审美性需要的满足及审美情感的形成来自对客体事物外在形式的知觉。例如一块蛋糕，从内在方面看具有由营养成分和味道构成的利害性内质，从外在方面看具备由形状、色彩构成的外形。吃进蛋糕，是主体对蛋糕内在利害价值的掌握，可以满足利害性需要，形成快感；不是吃进蛋糕而仅是对蛋糕的外形加以知觉，是主体对蛋糕外在形式的掌握，可以形成美感。蛋糕内质与蛋糕外形之间没有必然的联系，无论蛋糕是什么样的外形，都不影响蛋糕客观存在的营养成分和味道。

由于事物的外形不具有特定的利害作用，对事物形式的知觉基本上不能满足实用利害性的需要，因而通过形式知觉获得的愉悦感被称为非利害的快感，也被称为美感。美感来自对事物外形的相对独立的知觉，快感来自事物内质对利害性需要的满足，这是人体中性质不同的两种评价性感受或"情感体验"。

事实上，到目前为止，利害性快感与非利害性美感的区别都只能是凭借人的主观感受来划分的。在人体内部，凡是利害性的需要及其满足都会被体验为同一类感受，可称之为"生存感受"；审美需要及其满足则被体验为另一类感受，即"审美感受"。在人们还不知道什么是"美感"，也不知道审美活动的本质特征时，已经可以凭借自身体验而把快感和美感大致地区分开来，知道吃饱睡足之类活动引发的快感不同于对自然物的审美及艺术欣赏活动引发的快感。这里，是否有"生存感受"

51

是一个重要的鉴别点——凡是因生存感受而形成的愉悦感都被体验为利害性快感；凡是没有生存感受而单凭形式知觉而形成的愉悦感都被体验为非利害的美感。

4. 美感只能由视听知觉所引起

从人类目前的审美状况看，审美知觉仅限于视觉和听觉这两种方式，不能由味觉、嗅觉、触觉等感觉方式构成。这是因为，味觉、嗅觉、触觉等感觉的神经器官在进化上更为原始，是有机体在进化过程中为适应环境而需要更早运用的功能，[①] 同人的生理反应紧密相关，必然引起内在的"生存感受"。当我们说一盘菜肴是色、香、味俱全时，只有对其中的"色"的知觉才可以是审美的，虽然色、香、味的作用都在于引起食欲。据说，有的国家开发有"香味电影"，即在播放电影画面的同时释放香气以增强艺术感染效果。香气本身不是审美对象，但可以作为辅助手段参与到非利害性愉悦感的形成过程之中，同电影观赏时的审美感受共同构成即时的、混合型的情感体验。

审美，就是这样一种经由对事物外形加以知觉并形成非利害性愉悦快感的活动。具有这种特性的活动的发生，意味着这种活动的性质的获得或形成。对审美发生的说明，就是要看具有这种特征的活动是什么时候发生的，怎样发生的。

二、早期人类社会没有审美的表现

知觉和情感是高等生命体内在机体的活动和反应，其发生和进化都是动态的历史过程。如果要由生命体自己来述说非利害性的形式知觉和

[①] 孟昭兰：《婴儿心理学》，北京：北京大学出版社1997年版，第127页。

情感反应从什么时候发生,是绝对不可能的。幸好,生命体的活动可以在客观世界中存有痕迹,对已经逝去年代中的事情,可以通过对当时遗留下来的物件加以了解。

从现代社会的情形看,艺术与审美紧密相关。人类的审美活动集中表现在艺术活动中,艺术活动的状况能够集中地反映出审美活动的状况;艺术创造的目的是满足审美需要,审美需要的满足主要是经由对艺术作品的观赏。以这种关系为判断依据,原始社会时期艺术的状况可以是审美发生研究的重要参考。

1. 早期人类社会艺术的历史年代

考古学及人类学的研究已经确定了人类形成和发展的大致过程,发现了远古时代人类生产和生活的确切痕迹,特别是发现了原始社会时期人类的艺术作品,为我们认识当时的艺术活动和审美状况提供了极有价值的根据。

如果从非洲南方古猿算起,人类已经有了300万年的历史;如果以我国云南元谋直立人为起点,也有170万年的历史。但人类社会中出现被人们称之为艺术品的创造物,如绘画、雕刻等要晚得多,最长不过几十万年历史。有学者认为,"人类艺术发生的时间可以追溯到早于莫斯特文化期的阿舍利文化期"[1],根据是:

在叙利亚西南部戈兰高地(GolanHeights)的贝雷克哈特—拉姆(Berekhat Ram)遗址(属于阿舍利时期),发现了

---

[1] 郑元者:《艺术之根——艺术起源学引论》,长沙:湖南教育出版社1998年版,第69页。

刻有凹痕的卵石小雕像，其断代日期为距今23万年前。①

对这里所说的卵石小雕像，另有学者描述说：

> 在伯里哈特（Berekhat）有一块矿渣小圆石，也发现于阿舍利时期的地层中，就以其自然的外形稍加雕琢，作成一个女性的躯干，并有着粗糙的头部和手臂。它是发现在被密封的两层熔岩中，断代于距今233000～800000年前。它的外形有一些深的沟槽被强调出来，发掘者判断那是人工雕刻出来的。②

今天的人们只能对雕像用的圆石及它所处的熔岩加以年代测定，并不是对人类加工活动的年代进行直接的测定；而以艺术品所处地层的年代来判定艺术品的形成年代是不可靠的。即便这个雕像的确是当时人类的艺术创作，即便按照地层的断代上限，人类艺术品的形成也不过是80万年前的事情；与人类已经上百万年的发展历史相比，是很短的时间。事实上，在目前所发现的原始艺术品中，有几十万年历史的极为稀少。至今所发现的绝大多数确切可靠的原始艺术品形成于距今3万年至1万年左右的期间。有艺术史研究者认为：

> 艺术作品可以上溯到30000年前。它们属于所谓奥瑞纳—佩里戈尔文化期的风格，这种风格的发展以拉斯科洞窟为代

---

① 郑元者：《艺术之根——艺术起源学引论》，长沙：湖南教育出版社1998年版，第65页。
② 陈兆复、邢琏：《原始艺术史》，上海：上海人民出版社1998年版，第125页。

表，约存在于距今14000年—13000前。这种风格紧接着被一些马德林文化期的风格所覆盖，其起始时期为距今14000年前，结束于距今9500年前。这是艺术活动谨慎的、朦胧的起源。①

在我国也发现了属于距今3万年前旧石器时代文化的手形岩画，手形岩画分布在内蒙古阿拉善右旗东北雅布赖山中的洞穴里。在3个山洞中发现了39个清晰的岩画手印。岩画手印分红、黑两种，均为阴性手形，是原始人用手掌压于石面，以鸟骨或其他管状物将红色赭石粉向手掌吹喷制成。②

充分发展并达到很高水平的原始艺术可以以距今1万年左右的欧洲洞穴岩画为代表，如阿尔塔米拉洞、莫特洞、尼奥洞、拉斯科洞、三兄弟洞、蒙特斯潘（Montespan）洞等洞穴岩画。这些洞穴岩画在最初发现时，主流艺术研究家们根本不相信是出自原始人类之手。学术权威人士发表在当时最为畅销的史前学杂志上的考察结论是：史前的野蛮人不可能创作这样的作品；作为旧石器时代的作品这些岩画看起来太新鲜了，有些地方似乎是用现代的画笔制作的。③更不用说，这些岩画中的动物形象非常逼真、生动，显示了高超的绘画、雕刻技法。当然，事实最终证明了这些洞穴岩画的史前性质。同时，人们的误解也表明，原始时期的艺术作品与现代社会的艺术作品在技法和效果上相差无几。

---

① 陈兆复、邢琏：《原始艺术史》，上海：上海人民出版社1998年版，第23页。
② 冯育柱等主编：《中国少数民族审美意识史纲》，西宁：青海人民出版社1994年版，第35页。
③ 陈兆复、邢琏：《原始艺术史》，上海：上海人民出版社1998年版，第17页。

2. 早期人类社会的艺术不具有审美性

不过，对审美发生研究来说，原始社会的艺术与现代社会的艺术却有着极为重大的区别，即：原始艺术的创造都不是出自审美欣赏的目的，而是出自巫术等实用目的；原始艺术在当时不具有审美属性。这一判断至关重要，它是怎样得出的呢？主要是根据考古及艺术史的实证材料。

从欧洲洞穴原始岩画的内容上看，表现的多是狩猎动物，有野牛、熊、鹿、猛犸象等。对岩画中动物的样态，已有很多研究著作做出很好的描述，我们择其代表性的描述综合如下：

在这些动物中，大约有10%是被"箭"或别的武器击中的猎物，某些洞窟特别钟情于对受伤野兽的描写，例如尼奥洞窟的"黑厅"有一头壮观的野牛，它的侧腹被一只双钩的红色的"箭"所击中。在这头野牛附近是另一头大野牛，被三枝黑色的"箭"所刺穿。有一只野山羊遭受到打击，耷拉着脑袋，有两枝长矛击中它的胸部，一枝长标枪刺进它的侧腹。在尼奥洞窟的崖壁画中大约有一半的动物都像这个样子受伤了。蒙特斯潘洞窟的动物图画中，无头的野熊为30支矛所刺伤，三匹马凿刻在岩壁上，最大的一匹在中间，身体上有许多垂直的划痕，有人认为是栅栏，但更大的可能是表现要消灭那动物的意图。在前面那匹马除了垂直划痕之外，还有用矛刺的描绘。在其他洞窟的岩画中，也有许多类似尼奥洞窟岩画中中箭的野牛这类动物形象。三兄弟洞窟岩画中有一头喷血的熊，几乎把它的全身刺穿，血正在从一个个圆洞中流出。对此，除了巫术的解释外，很难有其他的解释。还有蒙特斯潘洞窟中的泥塑的熊，在它们的身上布满了密密麻麻箭的符号，而且留在它们背上和颈上的还有木质的棍棒痕迹。增加巫术气氛的还有人的脚掌印记，好像是青年男女们在上面行走，采用蹲伏的姿势，把他们的后脚跟印在上面。在典型的奥瑞纳风格的作品中有很多野兽是没有头的。如拉斯·蒙达斯（Las Monedas）洞窟岩壁画中的马匹，13匹中有3匹是没有头的，这些形象用粗重的线条描绘出来，或许可以说明当时的人们对事物观察的敏锐性，也可以说明旧石器时代人们作画的思想和动机。在拉·帕尔特洞窟也有一个马德林文化期风格的无头的马匹，作品有准确肯定的线条，蹄部描绘得特别精彩。在阿尔塔米拉洞窟的大窟顶画靠近边缘的地方，有一个保存得很好的彩色野牛，5英尺长，头也是没有的，即使那里窟壁上有足够的空间，可以让艺术家作画。所有这些不完整的形象，看起来是经过深思熟虑而有计划的，不大可能是因为没有时间完成。有的动物没有画眼睛，如乌非那克有一匹雕刻的马，形象刻画得很清楚，很机敏，说明作者的技艺是很好的；但是在这样的一个形象中，眼睛这生命极其重要的"灵魂窗户"却被忽略掉了，其理由不应该被解释为作者的无能，或其他偶然的原因。非常可能的原因是，如果动物没有头、没有嘴脸、没有眼睛，人们就很容易捕获它们了。相反的现象，有头而没有身子，也常常在岩画中发现。而且，在史前艺术中，有人统计出无头的动物形象，和只有头部而无躯体的动物形象，数量几乎相等。① 这种情形很可能不是偶然的。此外，欧洲洞穴壁画的动物形象的头部，常常有一只伸开的手印。据研究，它的含义是这个动物已被"控制"。②

洞穴岩画表现的对动物施以巫术的做法，可以从现代原始部族的行

---

① 陈兆复、邢琏：《原始艺术史》，上海：上海人民出版社1998年版，第115－116页。
② 刘文英：《漫长的历史源头——原始思维与原始文化新探》，北京：中国社会科学出版社1996年版，第172页。

为中得到佐证。相关研究著作说，一些现代土著居民画一些动物的"替身"，是希望真正去获得它；动物被画成许多创伤，是希望它们容易被制服；有的动物形象有意地被省略，缺少头、肢等，因为动物没有眼睛、耳朵就会变得痴呆，无头则意味着它必将死亡。① 非洲的俾格米人在狩猎之前要在沙地上画一只羚羊，当太阳升起之时，正当第一道阳光照射到这只羚羊轮廓的一刹那间，他们用箭射击它，他们相信这样做了以后，能导致狩猎的成功。② 中国云南的独龙族，过去每在狩猎之前，都要用面团或泥巴捏成许多的动物形象。仪式结束时，猎人们要用箭射一些动物画像。如果射中了，据认为狩猎一定成功。③

有人发出疑问：原始人类生产能力低下，理当捕获小一点的、温顺一点的动物，能否在这些大型动物身上施展巫术以获得捕猎？材料表明，处于原初公社时期的狩猎遗址，如托尔拉巴和安布罗纳的狩猎遗址上发现有大量被猎杀的动物骨骼，其中象骨占31%，马骨占21%，鹿骨占18%，牛骨占13%，还有犀牛、猛兽和鸟类的骨骼。④ 说明，原始人类对洞穴岩画中的这些动物施以巫术是完全可能的。当然，岩画中猛兽的确是更少一些。

再从原始洞穴岩画的地点和场所看，多是在人的足迹难以接近之处。洞穴岩画大多画在洞穴最黑暗、最曲折之处，有的岩画还画在临地

---

① 朱狄：《原始文化研究》，北京：生活·读书·新知三联书店1988年版，第316-317页。
② 朱狄：《原始文化研究》，北京：生活·读书·新知三联书店1988年版，第594-595页。
③ 刘文英：《漫长的历史源头——原始思维与原始文化新探》，北京：中国社会科学出版社1996年版，第567页。
④ 蔡俊生：《人类社会的形成和原始社会形态》，北京：中国社会科学出版社1988年版，第165页。

第二章　审美发生之前的无审美状态

面不到一米的岩石底部，要平躺在地上才能画出或观看这些画。① 这种地点和场所可以认为是精心选择的一种结果，显然是在刻意寻求着隐蔽性，并不考虑观看的便利。例如尼奥洞窟内有许多幅岩画挤在一块，并重叠在另一幅岩画的上面，在这些岩画下面常常有自然岩石所形成的祭台；可以推测洞窟本身的选择已考虑到了它的神秘性和贮藏所的效果，动物的"灵魂"被认为可以在这种场所内存留。②

岩画地点对推测这些岩画的意图和功能有决定性的意义。艺术史家们认为：旧石器时代艺术所处的社会背景排除了任何为美而创造的可能性；相当多的岩画画于洞穴深部无人接近甚至无法接近的地方；那里不可能是人居住的地方，因此不可能发生装饰岩壁的行为，也不可能有人经常去观看这些岩画，除非有一个特殊的目的去画这些画。③ 还说：

> 谁只要细心研究过拉斯柯洞穴或阿尔塔米拉洞穴这些不可思议的作品，谁就能理解这些史前艺术的宗教含义。这里绝无理由去假设这些绘画和雕塑是为了装饰目的，自从史前艺术发现以来，为艺术而艺术的理论实际上已逐渐被抛弃。
>
> 我们已经看到，史前艺术家对岩画地点的选择，已经使那种认为他们作画是为了使自己高兴的说法成为不可能的事情。他们所画的种种绘画符号都已揭示出巫术意图的强制性，这种对动物所做出的巫术的征服并不需要美。④

---

① 朱狄：《原始文化研究》，北京：生活·读书·新知三联书店1988年版，第313页。
② 陈兆复、邢琏：《原始艺术史》，上海：上海人民出版社1998年版，第118页。
③ 朱狄：《原始文化研究》，北京：生活·读书·新知三联书店1988年版，第305页。
④ 朱狄：《原始文化研究》，北京：生活·读书·新知三联书店1988年版，第307页。

当然，原始岩画也有画在容易观看的地点上的，但这种情形也不足以表明这些岩画是用于审美的目的。

旧石器时代艺术形象并不仅仅被安排在洞穴的深部，有些接近洞口的岩壁上甚至于露天的岩棚中也都发生了岩画，例如在勒·卡普·勃朗（Le Cap Blanc）的马的浅浮雕就是如此。布勒伊自己在1904年就曾记录过拉·格勒齐（La Greze）岩棚的发现。这样，一种新的看法由此产生了，有些人认为洞穴深部的岩画主要起因于交感巫术，而洞口或露天岩棚上的岩画则起因于图腾崇拜。①

除洞穴岩画外，原始艺术的其他形式也显现不出审美的意图和目的。在雷蒙德（Raymonden）地方发现的雕刻骨片，是用散点透视方法刻成的骨雕；一头巨大的野牛已被分解，周围站着七人，其中有一人手中执象拂尘之类的祭器，野牛身上的肉已被全部割去，只剩下头、前肢和脊椎骨，所以非常容易使人们把它和图腾餐联系起来，也许它正好是一幅表现图腾餐的场面。② 原始的舞蹈也表现出实用的目的：

所有戴面具跳舞的原始人都是一种有目的的活动，其目的就在于想去接近动物界并因此去接近一种神性。在现代原始部族中也有类似情况，所有头饰、兽皮、姿态对动物的模仿，都

---

① 朱狄：《原始文化研究》，北京：生活·读书·新知三联书店1988年版，第331页。
② 朱狄：《原始文化研究》，北京：生活·读书·新知三联书店1988年版，第332－333页。

>>> 第二章 审美发生之前的无审美状态

是想借助于与动物外形上的一致以帮助内心的同化。在卡列尔人（Carrier）那里，进行宗教仪式时，萨满必须披上动物皮来施展其法术。舞蹈也常用于同样的目的。随着舞蹈动作的加剧，舞蹈者会感到一种强有力的活力，他们把这种由运动得来的活力看作是一种和神秘力量交往的结果。许多原始部族的化装舞会，那种看来是不可思议的装饰，目的都在于促进与神灵的交往。原始人深信他们的狩猎，养儿育女，健康等等都需要神灵的帮助，正如狩猎动物的出现需要借助于神灵力量的帮助一样。①

被认为最早表现出审美萌芽的装饰，起初也不是审美物品。

古代人把某些珍贵的石头视为有巫术特质的看法由来已久。弗雷泽认为有充分的证据可以表明它们在被利用与装饰之前很久已被用于护符（amulets）了。马达加斯加的土著居民压邪的方法就是在房柱下埋石头。②

原始人常常保存一些他们认为与血有关的红色石块，因为在他们看来血是红色的，生命也是红色的。这种习惯从旧石器时代以来几乎一直延绵不断。在意法交界的里维埃拉（Riviera）海岸以及法国，西班牙，捷克的摩拉维亚（Moravia）的墓葬中都曾发现红色卵石。澳洲土著居民至今还有保存红赭石的习俗，他们认为红赭石含有妇女月经期间的血，妊娠期间月经停

---

① 朱狄：《原始文化研究》，北京：生活·读书·新知三联书店1988年版，第319页。
② 朱狄：《原始文化研究》，北京：生活·读书·新知三联书店1988年版，第44页。

止，这就足以证明新生婴儿的生命是由血所构成的。所有这些考古学事实表明这样一种信仰的存在，即原始人相信死者依然是家庭或部族的一部分，只要与死者的坟墓保持联系，他们就能与死者保持联系。被赭石染过的卵石并不是为了美的需要，而是希望死者能在另一个世界中增强其生命力。①

比原始洞穴岩画更为久远的艺术品，有女性人体雕刻，距今已经有两万多年。原始女性人体圆雕大多面部模糊而女性特征突出，没有脚，腿部形成尖端，似乎要便于插入土中；许多女性浮雕在发现时其雕刻面都翻倒在地而与土地相接触。这种状态意味着，女性雕像似乎与丰产巫术有关，也可能同生殖崇拜或生殖巫术有关②。

上述所有这些材料都说明，史前的艺术完全出自功用的目的，没有审美的用意。从美学的观点看来，判断一件物品是否具有审美属性的重要根据之一，正是看它是否能够满足人的审美需要，是否为审美的目的而制造。那么，原始艺术品这样精美，是否可能在指向巫术等实用目的的同时表现出审美的意识呢？有学者对此做出了阐释：

> 有人以为，巫术与审美这两种动机的并存有可能在一些原始文化的晚期作品中见到，但作为一种原发性的动机，这两种动机似乎很难同时发生，同时并存，同时发展。人类学家提出的文化相对主义的概念不承认人类共性的任何假设，相反，坚

---

① 朱狄：《原始文化研究》，北京：生活·读书·新知三联书店1988年版，第432页。
② 朱狄：《原始文化研究》，北京：生活·读书·新知三联书店1988年版，第280–289页。

持认为任何一种文化行为只有在特定的文化的主导动机中求得解释。文化本身是种参照系统，理应从这一参照系统中寻求对动机的解释。以一件澳大利亚土著居民的"画骨"（Pointing bones）为例，它是一件专门用来杀死敌人的巫术工具，用于巫术祭礼。它上面虽画有装饰花纹，但这种装饰却并不具有它自身的目的，它只是为了强化巫术工具的力量。这样，也就很难说它有二种并行不悖的动机，因为即使存在着审美价值的纹饰，它的单纯的巫术工具性质就排除了审美的动机。[1]

目前，尊重艺术史材料的学者们基本上认可：所谓"美的艺术"在史前时代几乎是不存在的；[2] "原始艺术之所以不是真正的艺术，因为它具有巫术性，而不具有审美性质"[3]。我们可以在是否具有审美性的意义上把这种艺术称之为"艺术前的艺术"或"前艺术"。那么，是不是有这样一种可能：虽然被人们所发现的这些艺术品都不是用于审美的，但不排除还有用于审美的艺术品没有被发现？不过，这种可能性微乎其微。如果原始艺术中确实存在用于审美的艺术品，其存在应该更大量、更普遍、更容易被发现。

3. 原始艺术状况表明早期人类没有审美

从原始艺术不是出于审美目的、不具有审美性的事实中，可以合理地推导出一个重要的结论：此时的社会还不存有审美活动。因为，如果

---

[1] 朱狄：《原始文化研究》，北京：生活·读书·新知三联书店1988年版，第460－461页。
[2] 郑元者：《艺术之根——艺术起源学引论》，长沙：湖南教育出版社1998年版，第152页。
[3] 杨春时：《美学》，北京：高等教育出版社2004年版，第76页。

有审美活动存在，必定有审美需要存在，进而必定会有为了满足审美需要而进行的艺术创造。反之，如果一个社会没有为了满足审美需要而进行的创造，就表明这个社会还没有审美需要存在。

这说明，艺术起源与审美发生是两个不同的过程。现代社会中艺术与审美是密切相连的，但在人类的早期，由于还没有审美，艺术根本无法与审美相连，只能独立地发展。因此，艺术起源的过程中没有审美的因素。这一事实对旧有观念下的审美发生研究来说是很不利的。长期以来，人们一直试图通过艺术起源研究来认识审美发生，现在看来是此路不通。但是这一事实对艺术起源研究来说是非常利好的，可以大大减轻艺术起源研究的负担，使艺术起源的过程和机理单纯化，按其本来的面目看到：原始社会时期，在实用性的物质需要、社会需要及精神需要推动下，人类可以在长期的实践活动中逐步形成一定的技艺、技术，创造出不同于现实存在物的形象化的作品；只是在审美需要和审美能力发生之后，原先实用性的艺术才与审美连在一起。在审美发生之前，艺术不可能具有审美的属性，审美不是原始艺术发生发展的动力和特征。既然最初的艺术原本不具有审美性质，当然不可能由其自身发展成审美的艺术。艺术起源与审美发生各有其产生原因和机制；不能因为二者在今天是结合在一起的，就把其发生过程和机制混为一谈。

三、早期人类没有审美的根本原因在于智能的不发达

为什么史前的早期人类社会没有审美？会不会是由于当时的人们不需要审美呢？似乎不可能。审美感受是一种有利于人类的、令人愉悦的感受，没有理由不需要，没有理由特意地加以拒绝。最可能的原因是当时的人类还不会审美，因此没能形成审美需要。审美不是一种

技能，而是人的一种基本能力。不会审美，意味着人还不具备基本的审美能力。

1. "审美能力"的概念内涵及与智能的关联

什么是"审美能力"？目前的见解多样。有人以为审美是情感的表现，以情感性为审美的标志，审美能力等于是情感能力；有人以为对形式的知觉和反应是审美的实质，把人类工具的定型化过程当作审美的形成过程，审美能力就是对定型化形式的知觉能力；有人把审美看作是精神性的、对实用性活动的超越，是对人的本质力量的感悟，审美能力就是精神性的自我观照能力。就日常生活中最一般的理解来说，审美能力是指审美判断能力或艺术欣赏能力。这些界定都有独到的着眼点，但都没有考虑到早期人类与现代人类在审美活动方面的区别。

从早期人类不会审美而现代人类才会审美的事实出发，审美能力首先是指人类由自然机体结构所决定的进行审美活动的一般可能性，与人的生理结构等自然因素相关联，可以称之为审美活动能力。在这一基础之上才能进而形成由经验、文化观念构成的审美判断能力或欣赏能力，可称之为审美鉴赏能力。即，把审美能力区分为一般审美活动能力和具体审美鉴赏能力。人类首先要具备对事物加以审美的一般基本能力，然后才能具备把具体事物当作审美对象的能力（即欣赏能力）。

审美活动能力与审美鉴赏能力既相互区别又具有同一性。一般的审美活动能力总要通过具体的审美鉴赏能力表现出来；具体的审美鉴赏能力是一般的审美活动能力的特定体现。现代人类的社会中，一般审美活动能力是人人具有的，不须特意强调；具体审美鉴赏能力成为审美能力的主要表现。但在审美发生问题上，为了达到理论表述中概念的清晰化，必须做出一般审美活动能力与具体审美鉴赏能力的区别，不能把二者相混同。只有获得了一般审美活动能力之后才可能随具体生活环境和经验而形成具体审美鉴赏能力。人类审美的发生，是指一般审美活动能力的形成。

我们看到，所谓审美发生，就是非利害性形式知觉活动的发生。要能进行非利害性的形式知觉活动，最基本的条件是具备形式知觉力。只有在具备了形式知觉力的前提下才能对事物的形式加以相对独立的知觉，进而引发由形式知觉而来的非利害情感体验。

形式知觉力是人类特有的智能，不具备这种程度的智能就不会具有审美活动能力。那么，人类是从什么时候开始具备形式知觉力的呢？人们很可能发问：动物不就能够对事物的颜色、形状等形式因素有所反应吗？早期人类已经能够制造出具有定型化形式的工具，能够创造出形式丰富多样的艺术品，难道这不表明知觉能力从而是一般审美活动能力的存在吗？

综合动物及人类的进化史，应该看到：同样是知觉，内在的性质和机制是不同的；同样是艺术创造，所依据的内在能力是不同的。

形式知觉力是对于"形式"的知觉能力，"形式"是相对于"内容"或"内质"而言的。事物都是外形与内质的统一体，外形与内质不能抽象地存在。外形与内质的相对分离只能在存在于大脑的抽象思维之中。即，当我们说到形式和内容时，已经是在大脑中对事物的形式因素和内容因素进行了抽象，"形式"和"内容"只能作为概念而相对独立地存在，这种概念只能在抽象思维中形成。动物不具有发达的大脑和高度的思维能力，不能形成概念，其知觉力只是形状知觉力而不是形式知觉力。形状知觉力是对事物外在表现的笼统的感知能力，可在头脑中形成表象或意象；形式知觉力才是对事物形式的抽象把握能力，可在头脑中形成概念。形式知觉力以"形的概念"的形成为条件,是在形状知觉力基础上的质的发展转变,只能在现代人类身上存在。为将现代人类的形式知觉力与动物和早期人类的形状知觉力相区分,我们必须对动物和早期人类的认知状况和认知能力有清楚的认识。

2. 动物也没有审美——动物的知觉能力及表现

不少学者主张动物也有审美。他们举出的事例是,动物有着鲜艳美丽的色彩或和谐的图案(如鸟雀),有着优美的姿态(如天鹅)甚至是舞蹈动作(如蜜蜂)。这些表现可以吸引同类,被同类所知晓,说明动物有形式美感。究竟是不是这样?需要提出一个问题:动物的知觉力是什么样的,是干什么用的?

毋庸置疑,动物可以对事物的外在样态产生知觉并依此知觉做出反应。这种知觉行为是不是表明动物已经具有了形式知觉力呢?一般看来,这就是动物对事物形式信息的感知,与现代人类的形式知觉在性质上是一样的,只是程度不同、对象不同。但实际上,事物外在表现上的信息只是对现代人类来说才是形式化表现的信息;对动物来说则不是形式信息而只是事物利害价值的刺激表现。

从进化的角度看,动物的任何一种能力和结构都同生存需要相关联。严峻的生存压力不允许动物有奢侈的需要和不必要的身体结构、样态;自然进化过程中也不可能无缘由、无根据地生长出不被生存所必需的功能。很难想象,鸟类为了审美而长出色彩鲜艳的羽毛,麋鹿为了审美而长出又高又长的角。因为,色彩鲜艳更容易被天敌所发现,不利于生命的保存;又高又长的角会增添重量和体积,增添行动的困难,也不利于生存。那为什么还是长出来了呢?

我们可以注意到这样一个现象:人类中女性的外部装扮更鲜艳绚

丽，是主要的审美对象；动物界中雄性的外表更鲜艳绚丽，更能引起雌性的知觉注意，而雌性动物的外表基本上不具有鲜艳的色彩和突出的形状。动物的外在样态都是在生物进化过程中形成的，不同性别的不同外在表现肯定同生育即基因的遗传保留相关。从进化和遗传的角度来看，雄性动物绚丽的色彩和突出的标志常常是个体强健的表现。例如：

当一条捕食鱼接近一群虹鳟时，时常结成一对的雄虹鳟就会谨慎地逼近这一潜在的威胁，以便对其进行"审查"。在许多物种中均已观察到这种冒险行为，并且行为生态学家已经提出，勇敢的雄虹鳟或许是以游近捕食鱼来向附近的雌虹鳟宣扬其活力气势的。事实上，实验室研究结果已经证明，在附近没有雌虹鳟的情况下，没有一条雄虹鳟比其同类更多地以游近捕食鱼来充当英雄。

在实验室研究条件下，笔者采用一种小的定制的容器，把雄虹鳟放在距离捕食鱼不同远近的适当位置，由此笔者发现，雌虹鳟确实喜爱最勇敢的雄虹鳟。这种勇敢表现看来似乎同色彩是相互关联的——最接近捕食鱼的雄虹鳟通常其色彩也是最艳丽的。因此，在野生环境下，雌虹鳟可能已逐渐形成了对色彩更为艳丽的雄虹鳟的偏爱，因为色彩就是勇气和适合度的一个标志。①

如今人们已经知道，就蝴蝶的某些种类而言，色彩能够激起性兴趣。……炫耀的色彩和气味所起的作用可能并不仅限于

---

① 张树义，万玉玲编著：《动物的奥秘》，北京：北京科学技术文献出版社1999年版，第25－26页。

吸引注意力。外表和气味可能是其载体健康状况和强健的简化标志。

　　一些雌蝶是根据色彩上的细微差异来区别对雄蝶。偏爱色彩丰富的雄蝶的雌蝶可能会得到最年轻、最健康的配偶。……本世纪70年的一些研究证明，有紫外光反射能力的雄蝶翅膀对雌橘黄蝶有吸引力。然而，随着雄蝶的翅膀因衰老而失去鳞片，其反射紫外光的色彩也消失了。……我们发现，从未交配过的雌蝶确实宁愿同翅膀完整的雄蝶交配，而不愿同翅膀残破的雄蝶交配。一种显然受色彩驱使的选择使雌蝶获得了较为年轻的配偶。①

　　客观上，鲜艳的色彩和突出的特征是生命力旺盛、体力强健的象征。但是，动物一定不懂得进化论和遗传学。雌性动物显然不会知道羽毛色彩和外形特征的生物学意义，不会有意地为了遗传优化而选择配偶。是什么促使它们根据外形特征做出选择呢？

　　如果说雌性动物对雄性动物的性选择是出于审美的目的，那对动物而言是一项不必要的奢侈行为，不可能形成。如果动物也有审美行为，并可以借助审美标准在选择生殖伙伴时不自觉地暗合了自然规律，则表明动物的审美是与物种的遗传优化选择相关的。遗传优化不应该仅只表现在雄性上，雌性的健康也对遗传优化有重要的作用，雄性也应该对雌性做出选择，雌性也有通过外形的美丽来显示健康的必要。雌性动物不显现外形的美丽，说明这里没有审美的因素。

----

① 张树义，万玉玲编著：《动物的奥秘》，北京：北京科学技术文献出版社1999年版，第51－53页。

从生物学上讲，如果动物会审美，其审美能力应该是由遗传而获得；审美能力至少是一种行为能力，同动物进食、行走、鸣叫等能力是同样性质的，应该为雄雌两性的动物所共同具有。但是，没有任何生物学的根据表明审美能力的遗传可以具有性别的区分，只遗传给雄性而不遗传给雌性。很难解释，为什么只有雄性动物会审美而雌性动物不会审美？从逻辑上讲，如果雄性动物有审美则雌性动物也应该有审美；如果雌性动物没有审美，则雄性动物也应该没有审美。

对动物具有鲜亮而突出外貌特征的现象，应该从科学的角度加以揭示。生物学理论认为：一切生物都需要对环境事物的外在信息有所感应，以此来调节自己的生存活动。动物繁衍后代的需要使它们必须依靠知觉选择适当的对象为配偶，而动物的知觉系统发展得不是很充分，知觉能力相对较弱，其视像完全不像人类那样清晰。在这种状态下，只有色彩鲜艳、特征突出的雄性才能引起雌性动物最高程度的知觉和注意。试想，大丛林中的鸟类怎样才更容易在一片绿色之中发现自己的配偶对象？只有在绿色背景中能突出显现的红色、黄色、蓝色等颜色才更容易被知觉到。雄性动物外形的色彩越鲜艳，面积越大，发射的信号就越鲜明，给雌性的刺激越明显。具有这种外形特征的雄性更容易被雌性选中，从而有更多的保留基因的机会。实验证据表明，雌性通常选择的雄性，其特征总是能给感官带来最为强烈的刺激；例如一些雌蝶是根据色彩上的细微差异来区别对待雄蝶的，偏爱色彩丰富的雄蝶的雌蝶可能会得到最年轻、最健康的配偶。[①] 而就某些事例而言，雌性之所以同意与

[①] 张树义，万玉玲编著：《动物的奥秘》，北京：北京科学技术文献出版社1999年版，第53页。

某个叫声响亮或色彩鲜艳的雄性交配,其原因仅仅是因为它很容易找出来;① 减少寻找一个雄性所花的时间,就有可能减少雌性被捕食者捕杀的危险。

恰好有利于这种自然选择的生物学规律是:越是健壮、富有生命力的雄性个体,其外形越是突出、鲜明;具有突出、鲜明外形的雄性更容易被雌性所知觉,因而更容易吸引雌性;结果是形成良性的进化循环,出现了色彩斑斓的自然界。当然,雄性动物鲜明的外形也会给自己带来危险,会更容易遭受到天敌的攻击。所以,雄性动物外形鲜明、突出的程度是有限的;雄性动物的数量也是大大少于雌性的。自然选择原则可以使动物自我保存的需要与繁殖后代的需要刚好达到一个最佳平衡点。

由此可见,动物外在形状、色彩的功能是充当繁殖行为的刺激信息,不是引发动物之中的审美感觉。从动物的习性上看,外界的特定刺激可引起动物发生相应的反应。不同的动物由其生存进化过程所决定,可以分别对气味、声音、色彩等物质信息有特定的、不同程度的敏感,形成"信息刺激—本能反应"型的行为方式。即,事物外在信息的刺激表现与动物的生存本能相对应,引起动物的特定反应。这种反应是先天的、稳定的,每次都相同,因此被称为"固定动作格局";引起这种固定动作格局的是由某种外在信息构成的信号。例如:

> 欧洲一种雄知更鸟成长后胸部成红色,它们有保卫领地的习惯。在遇到另一成长的胸部为红色的雄知更鸟时,必发起猛烈进攻。甚至对一束红色的羽毛也要猛烈攻击,但对灰暗色的

---

① 张树义,万玉玲编著:《动物的奥秘》,北京:北京科学技术文献出版社1999年版,第24页。

知更鸟模型却无动于衷,不发生任何反应。

海鸥刚孵化出来,就能用喙敲打母鸥喙上的红斑,母鸥对此的反应是吐给雏鸥食物。如果在雏鸥前面放一木杆,杆的末端染上红色条带,雏鸥也将用喙敲啄杆上红带。美洲北部一种扑动䴕(Colaptes),雄鸟有一很像胡须的黑线,雌鸟没有,如果将正在交配的雌鸟捉来,在它脸上画一条黑线,雄鸟就立刻前来攻击。①

这些现象说明,动物缺少完整的、对事物本来意义的认知;仅仅凭借外在信息特征做出本能反应。当然,在自然条件下,这些外在信息特征具有全部的生物学意义,动物只需对这些外在信息特征做出固定反应就可以了。

在动物那里,色彩和形状是不可以脱离事物利害属性和用途的,不具有作为符号的可能,不是抽象的"形式",而是同动物生存需要、生存活动相关的利害性刺激物,由这些利害性刺激物引发的反应是本能性的"固定动作格局"。例如,麻雀能感到人的危险,对人怀有恐惧,但麻雀不懂得危险来自人,只是把危险与人的外形联在一起。于是,人可以做出稻草人来恐吓麻雀。稻草人本来不对麻雀构成威胁;但稻草人具有人的大致外形,这种外形对麻雀来说就是危险。如果麻雀没有感受到人的危险,或者对确实没有危险的稻草人习以为常,也不会把稻草人的人形同危险联系在一起;这时就不怕稻草人了。

也曾有些事例被用来证明动物的确能审美。我国学者引用材料说,

---

① 陈阅增主编:《普通生物学——生命科学通论》,北京:高等教育出版社1997年版,第314-315页。

<<< 第二章 审美发生之前的无审美状态

国外灵长类研究的学者曾观察到一只黑猩猩用了整整15分钟时间坐在那里默默地观看日落,望着天边变幻的色彩,直至天色发黑才离去;并把这一行为解释为黑猩猩在审美。① 根据生物学的规律,如果动物中具有一般的审美活动能力,应该是种群的基本能力,不能偶然地存在于个别的个体身上。如果这只黑猩猩观看日落是审美,则表明这只黑猩猩所属的种群已经具有一般的审美活动能力,其审美行为会经常性地、普遍地表现出来,不可能在个体身上偶然地一闪即逝。所以,更合理的解释是:这只黑猩猩观看日落不是审美活动的表现,而是好奇心的表现。动物普遍地存有"好奇"感。这种本能赋予动物适应新环境、采用新的活动方式的可能。某些声音、色彩、样态虽然不与动物的生理需要直接对应,也可引起动物的注意,造成类似于人类审美活动的行为。黑猩猩的生活习性,一般来说是在天黑之前就进入山窝中的丛林栖息,极少有见到日落的机会。可能是这只黑猩猩偶然发现了一个新的景象,因此好奇地探究了一段时间。

3. 早期人类的思维状况和知觉状况

人类进化是与动物进化的链条紧紧相连的。在体质人类学意义上的人形成之后,进化仍在进行。这时的进化,主要的不是表现在体质上,而是表现在智能上,表现在思维方式上。其质的飞跃性发展,就发生在由史前人类向现代人类转变的时期,大致是在旧石器时代晚期至新石器时代初期,距今一万年至七千年左右。

原始艺术的创造者就是这一时期的人类。他们通常被称为"原始人",但已经是原始人的最高阶段,即将跨入文明的现代人类社会。为

---

① 刘晓纯:《从动物快感到人的美感》,济南:山东文艺出版社1986年版,第72页。

了表示这一时期人类与现代人类的相通，我们把他们称为"早期人类"。

对于早期人类的思维方式及性质，学术界有不同的看法。但对于早期人类智能状态、智能行为表现的描述，所有的材料都是大体一致的。都表明：早期人类虽然继承并大大超越了动物所能具有的最高智能，但仍不具有完全的抽象思维能力，未能超出形状知觉力的水平。他们不能对自然现象得出合乎客观逻辑的认识，眼界不能深入到事物的内部，只能根据表面现象建立因果关系。例如，我们今天可以形成科学化的认识，知道事物内在的利害性价值与其外形及形象化表现没有必然的联系。早期人类就不是这样了，他们把事物内在的利害属性与外在的表现样态混为一体，以为事物的外在样态就是内在功用本身；掌握了事物的外形就是掌握了事物的功能，失去了外形就是失去了功能。对这种早期人类思维状况的描述，列维·布留尔所著的《原始思维》很有代表性。他既引用了很多第一手的考察报告，又做出了自己的判断。我们将其表述综合起来例证如下：

在早期人类的认识中，兽掌下部构造中的差别会导致这样的结果：熊攫获了猎物时是把它掐死，而豹则是用自己的爪子刺进猎物的身子。同样的，这种或那种家庭用具、弓、箭、棍棒以及其他任何武器的"能力"都是与它们形状的每一细部联系着的；所以，这些细部仿制起来总是与原来的毫厘不爽。因此，在原始民族那里，这些形状一直非常稳定。英属圭亚那的印第安人"在制作某些物品方面表现了惊人的灵巧，但他们从来不改进这些物品。他们准确地按照他们之前的历代祖先那样来制作这些物品"。如我们所知，这不仅仅是这些民族所固有的风俗和保守精神的结果。这里，我们见到了这样一种积极的信仰的直接结

第二章 审美发生之前的无审美状态

果，这就是相信与形状相联系的物体的神秘属性，相信那些可以靠一定的形状来获得的属性，但如果在这形状中改变了哪怕是最小的细部，这些属性就不为人所控制了。看起来最微不足道的革新也会招来危险，它能释放敌对力量，招来革新者本人和那些与他有关的人的毁灭。①

原始人，甚至已经相当发达但仍保留着或多或少原始的思维方式的社会的成员们，认为美术像，不论是画像、雕像或者塑像，都与被造型的个体一样是实在的。在北美，莫丹人（Mandans）相信欧洲探险家画的肖像与它们的原型一样是有生命的，这些像从自己的原型那里借来了他们的一部分生命力。一个曼丹人说："我知道这个人（指欧洲探险家——笔者注）把我们的许多野牛放进他的书里去了，我知道这一点，因为他作这事的时候我在场，的确是这样，从那时候起，我们再也没有野牛吃了。"②

在北美，表象也是这样被关联起来的。"有一天傍晚，当我们谈到国内的动物时，我想向土人们说明，在我们法国有野兔和家兔，我对着灯光用我手指的投影在墙上表演了这些动物的形状。由于纯粹的偶然，土人们第二天捕到的鱼比平时要多；他们断定，正是我给他们表演的那些影子形状是捕鱼丰收的原因。土人们请求我每晚上费点事来表演这个并教会他们做这个。"③ 在狩猎中，第一个最重要的行动是对猎物施加巫术的影响，迫使它出现，而不管它是否愿意，如果它在远处，就强迫

---

① [法] 列维·布留尔：《原始思维》，丁由译，北京：商务印书馆1985年版，第31-32页。
② [法] 列维·布留尔：《原始思维》，丁由译，北京：商务印书馆1985年版，第37-38页。
③ [法] 列维·布留尔：《原始思维》，丁由译，北京：商务印书馆1985年版，第66页。

它来到。在大多数原始民族哪里，这个行动都被认为是绝对必需的。这个行动主要包括一些舞蹈、咒语和斋戒。欧洲探险家详细描写了北美野牛舞：跳这种舞的目的是要迫使野牛出现；大约5个或15个曼丹人一下子就参加跳舞。他们中的每个人头上戴着从野牛头上剥下来的带角的牛头皮（或者画成牛头的面具），手里拿着自己的弓或矛，这是在猎捕野牛时通常使用的武器。这种舞蹈有时要不停地继续跳两三个星期，直到野牛出现的那个快乐的时刻为止。另有一种舞蹈表演捕获和屠宰野牛的情景：当一个印第安人跳累了，他就把身子往前倾，做出要倒下去的样子，以表示他累了；这时候，另一个人就用弓向他射出一枝钝头的箭，他像野牛一样倒下去了，在场的人抓住他的脚后跟把他拖出圈外去，同时在他身子上空挥舞着刀子；用手势描绘剥野牛皮和取出内脏的动作。接着就放了他，他在圈里的位置马上就由另一个人代替，这个人也是戴着面具参加跳舞。用这种代替办法，容易把舞蹈场面日夜保持下去，直到所希望的效果达到，即野牛出现为止。由于原始人的思维不把形象看成是纯粹的简单的形象——对他来说，形象是与原本（指动物原型——笔者注）互渗的，而原本也是与形象互渗的，所以，拥有形象就意味着在一定程度上保证占有原本。这种神秘的互渗也构成了上述行动的效力。还有其他不同的观念和表现方式。例如以为，要确保动物出现，最重要的是必须获得它的好感。在苏兹人那里，熊舞在出发去打猎以前一连不断地跳几天，所有的参加者都唱一支歌，这支歌是对"熊神"唱的，他们认为，熊神是看不见的，不知住在什么地方。在出发去打猎以前，如果指望获得某种成功，就必须请教这个熊神，使它对自己发生好感，主要巫师之一在身上罩一整张熊皮，其他许多参加跳舞的人都在脸上戴一个熊头皮的面具。大家都用手准确地模仿熊的各种动作，或者是熊跑，或者是熊用后掌撑地坐着，垂下前掌环顾四周，看是不是有敌人接近。①

在早期人类的思维中，不仅是事物的内质同外形不可分离，人的名字作为人的外形表现也同这个人本身不可分离。"印第安人把自己的名字不是看成简单的标签，而是看成自己这个人的单独的一部分，看成某种类似自己的眼睛或牙齿的东西。他相信，由于恶意地使用他的名字，他就一定会受苦，如同由于身上的神秘部分受了伤会受苦。这个信仰在从大西洋到太平洋之间的各种各样部族那里都能见到。"在西非沿岸，"存在着对人与其名字之间的实在的和肉体上的联系的信仰……使用人的名字，可以伤害这个人……帝王的真名始终保持秘密……看来是很奇怪的：只有生下时起的名字（而不是日常使用的名字）才被认为是能够把个人的一部分转移到其他地方去……但是，问题在于土人们大概认为日常使用的名字似乎不是实在地属于人所有"②。

早期人类除了不能区分事物内在功能和事物外形之外，还在"万物有灵"的观念之下，把灵魂与事物外形牢不可分地连在一起。人类学材料表述说：在回乔尔人（Huichols）那里，健飞的鸟能看见和听见一切，它们拥有神秘的力量，这力量固着在它们的翅和尾的羽毛上。巫师插戴上这些羽毛，就以使他能够看到和听到地上地下发生的一切……能够医治病人，起死回生，从天上落下太阳，等等。由于一切存在着的东西都具有神秘的属性，由于这些神秘性质就其本性而言要比我们靠感

---

① ［法］列维·布留尔：《原始思维》，丁由译，北京：商务印书馆1985年版，第221－222页。

② ［法］列维·布留尔：《原始思维》，丁由译，北京：商务印书馆1985年版，第42页。

觉认识的那些属性更为重要，所以，原始人的思维不像我们的思维那样对存在物和客体的区别感兴趣。实际上，原始人的思维极其经常地忽视这种区别。例如悬崖峭壁，因其位置和形状使原始人的想象感到惊惧，所以它们很容易由于凭空加上的神秘属性而具有神圣的性质。江、河、云、风也被认为具有这种神秘的能力。①

由人制做出的日常使用的东西也有自己的神秘属性，也会根据不同场合而变成有益的或者有害的东西。"朱尼人与一般的原始民族一样，把人制作的物品……不论是房屋，还是家庭用具，还是武器……都想象成有生命的东西……这像是一种静止的生命，但它十分强大，不仅能够顽强地、蔑视一切地表现自己，甚至还能通过秘密的途径来积极地行动，能够产生善与恶。由于他们所知道的生物，例如动物，都具有符合于它们的形状的功能（鸟有翅能飞，鱼有鳍能游，四足动物能跳能跑，等等）……所以，人的手制造出来的物品也根据它们所具的形状而具有各种功能。"由此引申出去，这些物品的形状中的最微小的细部也有自己的意义，这意义有时还会是决定性的。②

早期人的思维方式和行为表现具有全世界的普遍性。我国学者的研究认为：我国出土的一些原始陶器上留有编制容器的残痕，说明最早的制陶方法是先在编制好的容器上涂抹泥巴，然后烧制。这样烧制出来的陶器自然会带有编织物的印纹。编织印纹本来与陶器的功能没有必然的关系，但也被早期人类认为是陶器必不可少的东西。在制陶工艺提高，

---

① [法] 列维·布留尔：《原始思维》，丁由译，北京：商务印书馆1985年版，第28-30页。
② [法] 列维·布留尔：《原始思维》，丁由译，北京：商务印书馆1985年版，第31页。

可以采用泥条盘筑法而不须借助编织物的容器时,仍然要在陶器上刻上编织器纹。"陶器上花纹的模拟,不是有意对形式美的追求,而是因为在原始人眼里,这种花纹就是陶器本身,正如编织物的花纹就是编织物本身一样。"①

我们可以从上述这些现象中见出早期人类与现代人类智能上的不同:图形、雕像、语言、概念等在现代人类眼中,仅仅是事物的形式、符号、记号,具有相对独立的象征意义和指代作用,与它们所象征、所指代的事物本体是抽象对立的。而在早期人类的头脑中,这些东西还未同其原型或指代物相分离,没有分化成相对抽象独立的东西。"在原始神话中,没有任何东西是被另一种东西再现的,形象就是物,而不是物的再现。"② 因此,他们在面对现代人类所说的形式、符号时,就在实际上如同面对事物本体一样,对事物本体的实用性有什么样的认识和反应,对其外在形式、符号也就会有什么样的认识和反应。

正如列维·布留尔所说:"原始人用与我们相同的眼睛来看,但是用与我们不同的意识来感知。"③ 这种不同是以智能的发展程度和发展水平为根由的。早期人类之所以不能把事物的外形同事物的本体及内质完全地区分开来,是因为其智能没有达到完全抽象思维的程度。不是说他们一点抽象能力也没有,而是说他们思维的抽象程度还不够彻底。以是否形成了完全抽象思维能力为衡量基准,形成了早期人类与现代人类在知觉能力上的区别。以完全抽象思维能力为基础的知觉能力是形式知

---

① 于民:《春秋前审美观念的发展》,北京:中华书局1984年版,第55页。
② 朱狄:《原始文化研究》,北京:生活·读书·新知三联书店1988年版,第678页。
③ [法]列维·布留尔:《原始思维》,丁由译,北京:商务印书馆1985年版,第35页。

觉力，以不完全抽象思维能力为基础的知觉能力是形状知觉力。

我们可以从语言和计算两方面进一步了解早期人类不完全抽象思维的状况。语言方面。语言是思维的直接表现，完全抽象概念的形成标志着完全抽象思维能力的形成；没有完全抽象概念则意味着没有完全抽象的思维。关于澳大利亚土著居民语言表现的材料指出，他们没有树、鱼、鸟等的属名，尽管他们有用于每种树、鱼、鸟等的专门用语。吉布斯兰德区的泰伊尔湖的土人们没有表示一般的树、鱼、鸟等的词，但他们对每一个种，如鲵鱼、鲈鱼、鳊鱼等却又分得很清楚。塔斯马尼亚人（Tasmanians）没有表现抽象概念的词；他们虽然对每种灌木、橡胶树都有专门的称呼，但他们没有"树"这个词。他们不能抽象地表现硬的、软的、热的、冷的、圆的、长的、短的等性质。为了表示"硬的"，就说像石头一样；表示"长的"就说大腿；"圆的"就说像月亮，像球一样，如此等等。同时，他们说话时总要加上手势，力图把他们想要用声音来表现的东西传达到听的人的眼睛中去。[1] 在爱斯基摩人的语言中，尚没有"海豹"的共名，而只能说"晒太阳的海豹""浮在冰上的海豹""雄海豹""雌海豹"和不同年龄的海豹。[2] 名词的这种状态充分显现出，这时人类的思维能力正处于半抽象的程度，带有普遍性、共同性的特征还没能从同类事物中完全地抽取出来。有学者指出：

原始名词同现代名词一个最显著的区别，就是绝大部分都

---

[1] [法]列维·布留尔：《原始思维》，丁由译，北京：商务印书馆1985年版，第103－104页。
[2] 刘文英：《漫长的历史源头——原始思维与原始文化新探》，北京：中国社会科学出版社1996年版，第145页。

第二章 审美发生之前的无审美状态

是个体名称或专有名词。而概括性的类名词或类别名词则很少。如果再进一步往前追溯还会发现，一种语言的时代愈是原始，这种特征就显得愈加突出。在原始语言中，几乎每种工具，都有它们的专名。但是你找不到一般性的"工具"或"器物"这样的名词。象达斡尔族、鄂温克族、鄂伦春族、独龙族，这些正在跨进文明门槛的民族，在他们原有的词汇中也找不到这样的名词。甲骨文和金文所记录的已是文明人的语言。但"具"字还不是表示工具的类名，其字形为两手捧起一个鼎。如果当作工具来看，也只是一种很具体的食具。①

计算方面。是否具有完全的抽象思维能力，一个简单的检验标准就是看他是否具有"数"的观念，能否掌握基数。数是对事物数量关系的完全抽象。恩格斯说："为了记数，不仅要有可以计数的对象，而且还要有一种在考察对象时撇开它们的数以外的其他一些特性的能力，而这种能力是长期的以经验为依据的历史发展的结果。"② 在早期人类那里，数"是被感觉到和感知到的，而不是被抽象地想象的"③。他们计数时必须借助一定的物件，常常是身体的部位。"数的名称也就是身体的各部位的名称，不是数词。"④ 例如，"从左手小指开始，接着转到各手指、腕、肘、腋、肩、上锁骨窝、胸廓，接下去又按相反的方向顺着

---

① 刘文英：《漫长的历史源头——原始思维与原始文化新探》，北京：中国社会科学出版社1996年版，第445页。
② 《马克思恩格斯文集》第9卷，北京：人民出版社2009年版，第41页。
③ ［法］列维·布留尔：《原始思维》，丁由译，北京：商务印书馆1985年版，第187页。
④ ［法］列维·布留尔：《原始思维》，丁由译，北京：商务印书馆1985年版，第180页。

右手到右手小指结束。这可以数到21"①。"巴拉圭的恰科的印第安人大概跟澳大利亚土人一样使用确定的一系列具体的专门名词,在这些名词中包含着数的意义,但是数还没有从这些名词中分离出来。"②

4. 现代人类儿童智能与早期人类智能的相似性

人类早期的智能状况和进化步伐,浓缩在现代人类个体的发育过程中。现代人类社会中儿童的智能发展是人类智能历史发展过程的缩影,很有借鉴意义。

皮亚杰的研究表明,婴幼儿很早就可以听懂语言和使用语言了,即掌握了一定的符号、信号手段。但对婴幼儿的认知结构来说,信号物还没能从被信号化的事物中分化出来,因此,就谈不到具有了信号性功能和水平,它还不是一个"信号",一个"象征物"。它只是这个事物的某一部分或某一方面(例如白色指示着牛奶)。③ 现代社会的儿童在良好教育的条件下,一般也要到7-9岁左右才可能形成完全的抽象思维能力,具有数的观念。但儿童在3-5岁只具有初步抽象思维的能力时,就可以计数了;"计数能力的出现不等于数概念的形成"。④ 因为数概念反映的是事物的本质属性,需要有完全的抽象思维能力;而计数可以依托着具体事物,以具体的物件为把握抽象的数的中介。比如要扳着手指头计数,或者借助于小珠子、小棍棒来数数。这时的儿童可以知道:他

---

① [法]列维·布留尔:《原始思维》,丁由译,北京:商务印书馆1985年版,第179页。
② [法]列维·布留尔:《原始思维》,丁由译,北京:商务印书馆1985年版,第187页。
③ [瑞士] J. 皮亚杰、B. 英海尔德:《儿童心理学》,吴福元译,北京:商务印书馆1986年版,第42页。
④ 朱智贤、林崇德:《思维发展心理学》,北京:北京师范大学出版社2002年版,第405页。

第二章 审美发生之前的无审美状态

手上有 2 块糖,再给他 3 块糖,合在一起是 5 块糖;但他就是不能理解 2 加 3 等于 5。据说,在拉丁语中,计算(calculi)一词即表示放置或拿石子的动作,"加"的原义即"放上石子"(calculum ponere),"减"的原义为"拿掉石子"(subducere calculum)。①

早期人类之所以不能彻底地摆脱具象的材料,之所以不能对事物内在的本质联系形成完全抽象的认识,主要缘由大概是在于对客观世界的掌握不够全面而深入。他们缺少多方面的实践活动,只能根据事物表面的特征建立对事物之间因果关系的认识。这不是因为他们有着"前逻辑思维"或其他不同于现代人的思维法则,而仅仅是因为他们没有获得正确的经验,在逻辑法则中填错了"数据",是数据的错误造成逻辑推断的错误。从早期人到现代人,思维的逻辑方式没有什么不同,但出自经验而得出的数据及对数据意义的认识则大不相同。从生物学和心理学的角度看,如果两件能引起人充分注意的事情或现象是间隔很短时间内相继发生的,很自然地会在意识中近乎同时地存在。一般来说,有因果关系的两个现象之间会有时间表现上的先后顺序,先出现的现象是原因,后出现的现象是结果。在缺少对事物本质的认识时,会仅仅根据时间的先后顺序而把两个本不相关的现象当成因果关系。列维·布留尔引述的材料说:

在塔讷岛(新赫布里底群岛),"几乎不能说在土人们那儿有任何真正的所谓表象的联想。假如,一个人在路上走着,看见一条蛇从树上掉到他面前,即使他明天或者在下星期才知

---

① 刘文英:《漫长的历史源头——原始思维与原始文化新探》,北京:中国社会科学出版社 1996 年版,第 345 页。

道他的儿子在昆士兰死了,他也一定会把这两件事联系起来。有一天晚上,一只乌龟爬到地面上了,在沙里下了一些蛋。正在这时候它被捉住了。在土人们的记忆中还从来没有过这样的事。他们立即做出结论说,基督教是乌龟在岸上下蛋的原因。因此,他们认为必须把乌龟献给那个把新的宗教带到这里来的传教士"[1]。

这里所描述的不同事件,相互之间完全没有真实的因果关系,但是令当地土人的印象很深刻,记忆牢固。在土人的记忆和印象中,一般事件和现象都被忽略了,只有这类新奇的事件和现象还保留着。于是,这两件相隔最近的事件和现象被联系在一起,形成因果关系的判断。

现代人类社会的儿童也是凭借印象深刻的特征建立事物之间联系的。语言和思维学研究认为,"儿童倾向于把最为变化多端的要素凭借某种偶然的印象结合进一种无连接的意象中去"[2]。一项研究对某儿童的认知活动进行了观察:

在该儿童生命的第 251 天,他对一个小姑娘的瓷质小雕像发出 bow-wow 的词,这个瓷质雕像被置于餐具柜上,他常常对这个雕像做出喜欢的表示。到了第 307 天,他对院子里正在叫的一条狗发出了 bow-wow 的词,并且对他祖父母的照片,对玩

---

[1] [法]列维·布留尔:《原始思维》,丁由译,北京:商务印书馆1985年版,第65页。
[2] [俄]列夫·谢苗诺维奇·维果茨基:《思维与语言》,李维译,杭州:浙江教育出版社1997年版,第67页。

具狗和一只钟也发出了bow-wow的词。到了第331天,他对一块有着动物头像的毛皮发出了bow-wow的词,特别重视那一对玻璃眼睛,并对另一块没有动物头像的毛皮披肩也发出了这个词。到了第334天,他对按压时能发出短促尖叫的橡皮娃娃发出这个词,而到了第396天,他对父亲衬衫袖口的纽扣也发出这个词。到了第433天,他看到一件服装上的珍珠纽扣和一只浴室温度计,又发出了同样的词。①

研究者分析了这个例子,并得出结论说:

> 被儿童称作bow-wow的各种东西可以分类如下:首先,狗和玩具狗,以及类似于瓷娃娃的椭圆形小物体,例如橡皮娃娃和温度计;其次,纽扣、珍珠纽扣和类似的小物件。分类的关键属性是一种椭圆形或者表面闪光的类似眼睛的物件。②

或许,这个儿童只注意到椭圆形或表面闪光、类似眼睛等特征,于是依据这一印象把各种具有这种特征的不同事物联系在一起。在成人眼中,这一特征是不重要的、被忽略的,所以才对这种联系和思维感到奇怪。还有一个事例也能表现儿童的认知状态,即对事物特征加以"击鼓传花"般的注意。"每一种包容进来的新物体都与另一个要素有着某

---

① [俄]列夫·谢苗诺维奇·维果茨基:《思维与语言》,李维译,杭州:浙江教育出版社1997年版,第78页。
② [俄]列夫·谢苗诺维奇·维果茨基:《思维与语言》,李维译,杭州:浙江教育出版社1997年版,第78页。

种共同的属性";"开始时,一名儿童用 quah 来指正在池塘中游着的一只鸭子,然后指任何液体,包括瓶里的牛奶;当他偶尔见到一枚钱币,上面刻有一只鹰时,这枚钱币也叫做 quah,然后任何圆的、钱币样的物体都叫 quah"。[1]

现代人类社会儿童对事物的认知,表现出人类认识活动过程的特点。经验的局限性使得人们最初只能注意到事物的个别特征,把个别特征当作事物整体,在这一基础上形成了行为和态度。

5. 尚待实证的问题:现代人类儿童是否会审美

所有这些事例都表明,早期人类的行为与其智能发展水平密切相关。如果没有完全的抽象思维能力,就不能有形式知觉力,不能有对事物外形的相对独立的形式知觉,不能形成由形式知觉而来的非利害情感体验。所以,虽然前艺术在现代人类眼中是可以被审美的,但在早期人类的眼中则是不能被审美的。这是早期人类社会没有审美艺术的根本原因。

与此相关联的一个问题是,现代人类社会的儿童在出生后的最初几年内也是不具有完全抽象思维能力的,按照我们理论的逻辑应该不会审美。但人们在生活中感到儿童似乎是会审美的。例如,儿童也喜欢漂亮的衣服,也会说哪个东西好看。如果不具有完全抽象思维能力的儿童的确会审美,将是对我们理论的重大否定。不过,现代社会中的儿童不同于早期人类,儿童们可以从文化环境特别是从现有的语言体系中学会有关审美的话语。儿童会说"漂亮""好看""很美"等话语,但儿童未必能有真实的审美体验。儿童说到"漂亮"时,其内心的感受可能不

---

[1] [俄] 列夫·谢苗诺维奇·维果茨基:《思维与语言》,李维译,杭州:浙江教育出版社1997年版,第78-79页。

同于成年人对"漂亮"的感受。语言学家们发现：

> 儿童发现词与物体之间的联系并不立即使儿童清楚地意识到符号和符号所指对象的象征性系，这是充分发展了的思维的特征；对于儿童来说，词是物体的一种属性或者一种特征，而不仅仅是一种符号；儿童先掌握物体－词的外部结构，然后掌握符号－符号所指对象的内部关系。①

这说明，不能仅从儿童所使用的语言中证明儿童具有审美能力，关键是要设法了解儿童的内在感受是怎样的，是否有非利害性的情感体验。对儿童审美方面的问题还需要多方面的、深入的研究和实验。

---

① ［俄］列夫·谢苗诺维奇·维果茨基：《思维与语言》，李维译，杭州：浙江教育出版社1997年版，第31页。

第三章

审美发生——审美生命结构的形成与特性

　　由动物和早期人类无审美的状况中可知，审美并不是随着人类的诞生而发生的，因而与人的本质、实践、自由等没有直接的关联，不能把人的实践过程直接地当作审美的发生过程。现代人类的审美一定是在另外的机制下经历了从无到有的发生过程。可惜，这一发生过程已经逝去，现在我们已无法看到。因此，对审美发生过程和机理的了解，只能根据逻辑和现实审美活动的特性加以推断。值得庆幸的是，现代脑科学即认知神经科学已取得长足的进展，为我们认识审美活动的内在规律提供了充分的科学证据。

　　审美的历史发生是人类自然进化的结果。但是，不是像进化论美学观那样，认为动物界就已经有了审美，人类的审美是从动物的审美进化而来的。我们所持有的进化论观点，是说人类进行审美活动的基本能力是在进化中逐步形成的。这种能力，就是在一定神经联系基础上形成的完全抽象的认知能力。

一、人类一般认知模块的形成

　　从人类生命体的进化角度上看，早期人类不能进行审美活动，是因为不具有可进行审美的生命结构,即其智能不足以形成形式知觉,因而不能形成对事物形式的完全抽象性的认识。幸好,人类的智能是不断发展的。人类为适应自然界的状态,需要始终处于进化之中;在人类社会已经形成,人的体质基本定型之后,大脑仍然在活跃地进化发展。其中最为具有里程碑意义的进化就是发展出能够进行完全抽象认知的大脑结构。人的一切行为都受大脑支配,行为方式是大脑结构和功能的表现。同时,外在行为可以反映到大脑中,引发大脑内部结构的变化。

1. 抽象:大脑认知加工的重要特性

人类大脑的结构很复杂,特性和功能也很多。而对审美来说非常重要的一个特性就是抽象性。

人类的大脑由初级生物的神经发育进化而成,无论是动物的脑还是人类的脑,其生物学规则是一致的。对于大脑的神经活动和功能,生物学及神经科学的研究已经是卓有成效。生物学研究表明:细胞普遍具有一个特性,即对外界刺激发生反应。这一特性被称为应激性。当然,被生存状态所决定,生物的感知觉并非对一切形式的外在信息都无一遗漏地加以反应和加工;细胞也不是对所有刺激都无一例外地加以反应,它们只对那些于自己生存有意义的信息加以反应和加工。外界环境和信息是多样的;特定的信息形成特定的刺激,造就出对特定刺激反应敏感的细胞。对特定刺激的敏感性表现为细胞的选择性。能发生相应反应的细胞有选择的能力;如果对某些刺激能加以"识别",就能发生反应,对另一些刺激不能"识别",就不发生反应。[1]

---

[1] 陈阅增等:《普通生物学——生命科学通论》,北京:高等教育出版社1997年版,第220页。

实验说明，细胞对有利的刺激一般都发生正的趋性反应，对有害的刺激发生负的趋性反应。……多细胞动物有神经系统。神经系统是由应激性高度发展的神经细胞，或称神经元（neurons）和一些特殊的结缔组织细胞，如神经胶质细胞（neuroglial cells）等所组成。它的功能是通过各种感受器接受来自体外和体内各部分的信息，传送这些信息，对信息进行解释、整理和加工，然后发出相应的"指令"，使身体有关部分做出应答。结果是身体各部分保持协调一致和身体的内稳态。①

感觉器官感受刺激的过程是一个换能的过程。接受环境的刺激其实就是接受环境中少量的能。感官的特异性就是它接受某种类型的能的本领远比接受其他类型的能的本领强。例如，视网膜能接受光能；温度感受器能接受热能；味觉和嗅觉感受器能接受分子撞击的能等等。②

各种感受器接受的能，无论是哪种形式的，都要转换为电能……以动作电位的形式传入脑。……由于传递动作电位的感觉神经不同，脑中接受这些信息的神经元的所在地也就不同，产生了不同的感觉。刺激的性质决定了哪种感受器和哪个神经元接受信息，并把信息传送到脑，而只有脑才能产生感觉。例如视网膜能接受光刺激，视网膜本身却没有视觉，只有视网膜

---

① 陈阅增等：《普通生物学——生命科学通论》，北京：高等教育出版社1997年版，第220页。
② 陈阅增等：《普通生物学——生命科学通论》，北京：高等教育出版社1987年版，第251页。

<<< 第三章 审美发生——审美生命结构的形成与特性

和脑的视觉中枢合作,才能在脑的视觉中枢中产生视觉。切断视神经,视网膜受光刺激时,虽然不断产生冲动,但冲动传不到脑,因而仍无视觉。如果用麻醉剂阻断视神经的传导,视觉也不能产生。①

我们所意识到的视知觉,是大脑一系列活动的结果:最初形成特异性的感受反应,经由换能编码,在脑中逐级传递、逐级加工;而后再重新组合,最终形成完整的视像。即:神经细胞对外界的反应以电能信息的形式在大脑中传递;外界事物不同,神经感受的内容及传递的信息就有所不同;对信息的识别、解释就是具体的感受和认识。对这一过程的探讨和阐述在认知科学中被称为信息加工理论。

  信息加工理论认为:认知活动以物理符号为表征,认知主体对这些符号进行着并行或串行的加工,其过程就是认知活动。即:人脑内分化出许多特征检测器和功能柱,对外部世界的相应物理特性进行专一的检测,然后再把这些特征整合或捆绑起来,形成知觉和记忆以及在此基础上的复杂认知活动。②
  外界信息的刺激在神经系统内引起相应反应(内化、内反馈),由功能促成结构,机构的分化又证明精细划分的功能。神经系统对最基本、最经常的反应要素可形成专门的对应

---

① 陈阅增等:《普通生物学——生命科学通论》,北京:高等教育出版社1997年版,第251-252页。
② [美] M. S. Gazzaniga主编:《认知神经科学》,沈政等译,上海:上海教育出版社1998年版,第8页。

结构，即特异性神经元。例如，在视网膜、外侧膝状体、大脑皮层中都存在一些专门对线段方位敏感的细胞，即特征检测器，在皮层上发现对颜色进行选择性反应的颜色检测细胞。通过对外界视野同一空间部位发生反应的这些不同特征检测细胞聚集在一起，形成垂直于皮层表面的柱状结构，称为功能柱。是皮层功能和结构的基本单元。不仅在17区内（指枕叶中的初级视皮层分区——笔者注），在次级视皮层中也存在。①

上述研究结果表明，抽象是大脑信息加工的基本方式。生命体对完整事物的反应自然而然地是分解式的，而分解就是对整体事物中的某些因素加以提取，就是对事物的抽象。以视觉为例，人不能把看到的景象原封不动地照搬进脑内，视觉感官对外在信息的接受，不是传统照相机式的模拟映照过程，而是数码式的分析编码过程；要凭借视网膜中具有功能差异的神经元来对视觉景象按照特征要素的不同加以分解式的感应，然后再加以组装、整合。可见，视知觉过程中的抽象从视网膜起就开始进行了。

具体说来，视网膜第一级神经元是光感受器，由视杆细胞和视锥细胞组成。视杆细胞对光线敏感，能感受极其微弱的光线，但不能分辨颜色；视锥细胞不能感受微弱光线，但能在较强光线下感受不同的颜色。② 视网膜对光线的这种感受状态就是一种选择性抽象：从事物的外在特征中分别地抽取出光亮和颜色。光感受器又有多种；不同功能的神

---

① [美] M. S. Gazzaniga 主编：《认知神经科学》，沈政等译，上海：上海教育出版社1998年版，第7页。
② 徐科：《神经生物学纲要》，北京：科学出版社2000年版，第212页。

经元都有各自专有的通道，逐级向上传递；传递过程中的每一级层都是一个相对独立的单位，各司其职。信号到达大脑皮层中后，也有特定的功能区域加以接收。视皮层神经元可以对视觉刺激的各种静态和动态特征具有高度的选择性。例如方位/方向选择性、空间频率选择性、速度选择性、双眼视差选择性、颜色选择性等。①

灵长类视觉系统中，从视网膜经外侧膝状体（LGN）到视皮层有两条通路，通常叫作 P 通路和 M 通路。这两条通路的分离似乎最初出现在视网膜上的光感受器细胞与双极细胞之间的突触中。P 通路上的神经元对颜色调制比对黑白调制具有更大的敏感性；M 细胞对黑白模式比对彩色模式有更大敏感性。P 通路和 M 通路的信号分别与不同的运动机制相联系。②

认知神经科学研究认为：在图形加工的早期阶段，初级视皮层（V1 区）以简单局部特征如方向的边、线等进行表征。相对于外界刺激的不同特性，V1 区显示了一定程度的内部分离与特化，如某类细胞只对颜色信息敏感。这种功能的分离也存在于连续加工的其他阶段中，如某些视觉区域基于形状的加工关系比其他视觉区域与此加工的关系要密切得多。通过颞下回皮质（IT）区的单细胞记录发现，其中某些细胞能对复杂形状进行反应。IT 区内的 STS 处有些细胞群能对面孔图形产生特异反应，与 STS 相邻区域的其他细胞群则能对手的图形产生特异

---

① 徐科：《神经生物学纲要》，北京：科学出版社 2000 年版，第 226－227 页。
② [美] M. S. Gazzaniga 主编：《认知神经科学》，沈政等译，上海：上海教育出版社 1998 年版，第 99 页。

反应。对面孔产生特异性反应的细胞中，一些是对整个面孔产生反应，而一些能对面孔的部分产生反应。这种反应也显示了很强的不变性，如不受尺寸、位置、方位、颜色变化的影响，而且当观察角度发生很大改变时，一些细胞也同样保持这种特异性反应。IT区还有些细胞能对初级的形状及不熟悉的形状进行反应。其反应方式是级量式的，不仅是对某个具体形状进行反应，也对类似的形状进行反应。如，某个特殊人的面孔就可以由一群这类细胞的群反应表征其脸形编码，复杂形状由多个细胞的群体活动来表征，这些细胞可能调谐于许多不同形状或调谐于某一形状的不同组成部分。[1] 能够对面孔图形产生特异反应的神经细胞或神经细胞群也叫作"面孔识别神经元"或"脸细胞"。20世纪80年代以来，有些实验室在猴的颞上沟和其他区域记录到有些细胞对人和猴的脸有最佳反应，包括真实的脸、塑制的模型脸以及人或猴脸的照片皆是如此，而对其他的测试刺激均无反应。[2] 对手形、脸形加以特异反应的神经细胞已经具有复合型的反应功能了，其形成一定是长期知觉经验的结果。动物脑所具有的功能，人脑也会具有。可以推想，人脑中也会具有"手形细胞""脸形细胞"。当然，"总体而言，期待一个或较少的一群细胞具有十分复杂的抽象能力是不合理的"，因为"外部环境的视觉目标及其特征是无穷而可变的"，[3] 知觉系统还不能形成对单一视像加以固定反应的神经结构。

---

[1] [美] M. S. Gazzaniga 主编：《认知神经科学》，沈政等译，上海：上海教育出版社1998年版，第136-137页。
[2] 韩济生主编：《神经科学原理》第二版（下册），北京：北京医科大学出版社1999年第2版，第668页。
[3] 韩济生主编：《神经科学》（第三版），北京：北京大学医学出版社2009年版，第585页。

<<< 第三章 审美发生——审美生命结构的形成与特性

  高等动物的视觉认知根据事物的物理特征要素而分别感应之后，又通过专门通路加以传输。每个通道都为有机体提供了对环境的独特"视角"。由于这些感觉通道可同时工作（或在不同条件下能彼此替代），有机体觉知外界事物的能力得以显著地提高，在可供其生存的条件下这种能力平行增长。①

  原始信息经由特异通路传输，到达大脑不同区域后得到分析和加工。科学家发现：视皮层的不同区域可以加工不同类型的视网膜外信号；视网膜信号的加工过程中存在着高度的特化现象，如恒河猴脑皮层中有三十多个明显的视区，其中每一个区都有它自己有限的视觉表征，并且在视觉信息的加工过程中起到特定的作用；皮层视区组织似乎具有层次性，区域的层次越高其表征的视觉信息的复杂程度也越高，例如，初级视区即 Vl 区中的神经元对特定方位边缘的出现反应强烈，而颞叶高级加工水平的神经元只对包括脸和手在内的复杂图案或形状进行反应。② 视网膜神经元对事物景象特征要素的分解、向脑内高级部位传输的特异通路和特定投射区、脑内特定的加工部位等，都使得人脑对外界信息的获取、保存、加工是分门别类的，形成一个个特定的功能性中枢点。有科学家基于灵长类动物神经解剖学和行为神经生理学研究，提出了前额叶皮层工作记忆模块假说。根据这一假说，前额叶皮层具有多个工作记忆模块，不同模块位于不同的亚区，不同模块主管不同性质的工作记忆。例如，前额叶皮层主沟区管理空间工作记忆；前额叶皮层下凸

---

① ［美］M. S. Gazzaniga 主编：《认知神经科学》，沈政等译，上海：上海教育出版社 1998 年版，第 360 页。
② ［美］M. S. Gazzaniga 主编：《认知神经科学》，沈政等译，上海：上海教育出版社 1998 年版，第 246 页。

部管理物体或相貌工作记忆；在人类，前额叶前端部分和（或）更下部的区域管理与语言信息处理相关的工作记忆。据此认为，脑内存在着多个模块化的、并列的工作记忆系统。工作记忆模块假说得到了脑功能成像研究的支持。① 脑内各个功能模块构成了功能各异的工作中枢。如，人的语言实践促成了语言中枢；在语言中枢之下，分别有动词、一般名词、专有名词等等的表达区。② 这一研究表明，大脑的工作和功能是模块化的。每一模块所加工的信息都是对客观原始信息的抽象提取。抽象性、模块性是大脑信息加工及主体认知活动的重要特性。

　　大脑信息加工的抽象性、模块性首先表明，大脑神经网络对事物外在表现形式的物理信息都是分解处理、分类存放的。那么，大脑对信息的利害意义也一定有专门的部位进行加工和单独存放。由此，势将形成形式因素和利害意义因素的分别加工和存放，并形成相对独立的信息中枢。

　　实证性研究也表明，脑内神经元对事物的物理性信息和意义信息的确是加以分辨并区别对待的。这类脑结构及对外在事物加以反应的特定神经元，形成了对动物来说具有生物学意义的脑中枢，并可由此形成特定的知觉表象。每一个相对独立的神经中枢结构都具有对知觉信息加以抽象的功能；既能抽象出知觉信息的外在表现因素，又能抽象出知觉信息的利害性意义因素。当然，对事物利害意义的掌握更加重要，是认知的首要目的。对外在表现因素的抽象和对利害性意义因素的抽象，必定会形成专门的投射反应区，相应地形成相对独立的加工中枢。这样，就在大脑认知结构中形成相互区分的两大类中枢区域：一是统摄利害意义

---

　　① 徐科：《神经生物学纲要》，北京：科学出版社2000年版，第346页。
　　② 黄秉宪：《脑的高级功能与神经网络》，北京：科学出版社2000年版，第153页。

信息的中枢，一是统摄外在表现信息的中枢。

这两大类中枢的结构和功能可在猴脑研究中得到证实。猴脑中，有一些专门对事物外形特征加以反应的神经元。丘脑外侧部中的一些神经元对食物的外观和（或）味道产生反应。一些神经元仅对食物的外观起反应（11.8%），一些仅对食物的味道起反应（4.3%），一些既对外观也对味道起反应（2.5%）。下丘脑中的神经元对食物的反应取决于动物的动机状态。对猴子来说，食物外形信息是对事物利害价值的表征，因此，只有当猴子产生利害性需要时，这些外形信息才能引起猴子的注意。即只有当猴子饥饿时，这些神经元才对食物的外观和（或）味道起反应。动物对食物的外观和味道做出的自发反应和行为反应与这些神经元的活动密切相关。[1] 猴子的利害需要状态一定是由另一些神经元加以掌控的，即构成利害中枢，专门对内在意义、利害价值加以反应。

> 如果允许实验猴充分吃饱，眶额回皮层停止对食物的形状和气味的放电，显示出神经反应下降，表现为与食物的被享受价值的消失相一致（动物不再注意食物）。与此相反，大多数脑的其他"奖励神经元"（请注意，下丘脑与杏仁核例外）对此情境则保持恒常反应，即对味觉刺激的"感觉性质"而不是对"感情性质"进行编码（Roll，1999）。说明情绪刺激（饱食享受）和感觉刺激在这里得到区分。[2]

---

[1] [英]艾森克：《心理学——一条整合的途径》下册，阎巩固译，上海：华东师范大学出版社2000年版，第800－801页。
[2] 孟昭兰：《情绪心理学》，北京：北京大学出版社2005年版，第46－47页。

这个观察和实验表明，脑中特异的神经元可以组成具有特定功能的中枢。从类别上看，一类是对事物外观形式起反应的，一类是对事物内质利害价值起反应的。而对实验猴来说，食物的形状和气味就是食物利害价值的表征，与事物利害价值具有等同的意义，因为实验猴还不能把食物的外在形式信息同其内质利害价值抽象地分离开来。所以，实验猴在吃饱之后，利害需要即行消失，食物形状、气味对利害价值的表征作用也即行消失，相应的利害中枢不再发生反应，不再放电。但是，在知觉中枢方面，实验猴对食物形状和气味的感觉依然存在，依然能对食物的外形进行知觉性质的加工。说明，在实验猴的前额叶（眶额回）皮层中，既有对事物单纯外形加以知觉的神经中枢，又有对事物利害表征性（即外形的利害意义）进行加工的神经中枢。不过，在动物和早期人类那里，这两个中枢还不能完全抽象地相分离，不能独立地起作用。

大脑神经活动在对信息加以抽象时，所依据的规则是什么？从人对事物加以认识的功能和目的看，主要是为了获得对象事物相应于机体生存需要的有关信息，即抽取出被生存所需要的功用价值。具有功用价值的事物内质相当于同人的生存需要相关的条件刺激物；事物的外形则是这一刺激物的信号或表征。这样，由事物外在表现形式构成的信息和由事物内在功用价值构成的信息这两大类信息的形成和聚集是很自然的，出自生物进化的需要。事物自身的功用价值同生命机体的生存需要直接相关，为生存所必需；事物的外在表现形式则同事物自身的功用价值相关，可以为生命体寻找生存需要提供有效方式。

动物的脑是为用以处理对其生存与繁殖至为重要的刺激而

设计的……仓鸮……通过听觉对捕食对象定位。这种能力说明存在一些能够携带关于声源位置信息的神经元。仓鸮的下丘中包含一些空间特异的神经元，它们只对某一特定方向的声音发生反应。[1]

在仓鸮和须蝙蝠中发现能够对具有知觉意义的刺激加以选择性反应的层次神经元。这些神经元呈有序阵列以形成它们调谐刺激变量的映射，如回波时延和空间等。[2]

行为神经生理学研究表明，前额叶联合皮层是个"多重感觉皮层"（Polysensory cortex）。视觉、听觉、触觉、嗅觉及味觉信息都向前额叶皮层传递，在前额叶皮层进行整合处理。前额叶皮层背外侧部的一些神经元对两种或两种以上模式的感觉刺激起反应。然而，感觉刺激的行为意义是驱动大多数前额叶皮层神经元的最有效的因素。物理性质完全相同的刺激，由于在不同的场合暗示不同的行为意义，引起的前额叶皮层神经元的反应也很不相同。[3]

在进化的压力下，动物的脑不断进化。最终在人类那里达到了最高的进化程度，出现了完全的抽象认知能力。

2. 形状知觉中枢与意义中枢的形成

虽然从动物及早期人类开始，其行为和认知的方式就是抽象化、模

---

[1] [美] M. S. Gazzaniga 主编：《认知神经科学》，沈政等译，上海：上海教育出版社 1998 年版，第 54 页。
[2] [美] M. S. Gazzaniga 主编：《认知神经科学》，沈政等译，上海：上海教育出版社 1998 年版，第 60 页。
[3] 徐科：《神经生物学纲要》，北京：科学出版社 2000 年版，第 342 页。

块化的，但由于动物和早期人类的智能还比较低下，没达到完全抽象的程度，因此没有"形式"概念。为了将动物与人类相区别，人类对事物外在信息表现的知觉可称为形式知觉，动物的则是形状知觉。在我们现代人类眼中，可以有物体本身与其外显形式的区分或不同，而在动物和早期人类眼中，物体是浑然一体的，没有物体本身与外形的区别；人的画像就是真的人本身，牛的塑像就是牛本身。这是因为，早期人类的认知能力尚不足以在头脑中把事物的内质和外形彻底地加以分离，在知觉到事物外在表现信息时，不懂得这些外在表现信息仅只是事物内质方面利害价值的表征，而是以为事物的外形就具有利害价值。这就意味着，对物体外形的知觉所形成的神经中枢与对物体本身的知觉所形成的神经中枢是黏合在一起的，主体对二者不能形成相对独立的意识。因此，从功能上讲，对物体外形的知觉与对物体利害价值的掌握是紧紧连在一起的，共同形成一个笼统的神经结构，即"形状/意义中枢"。形状知觉功能和价值意义掌握功能要随着大脑抽象度的提升，随着抽象认知能力的增强才可相互分离开来。

虽然人类抽象认知能力的发展是自然的，但也需要足够的推动力。这一推动力，首要的是为满足生存需要而进行的生产实践活动。从人的行为和心理现象方面看，完全抽象认知能力得以形成的促成因素是实践活动的丰富和深入。人类生存的压力决定了人类实际需要掌握的是事物的实用价值，要根据自己的生存需要来认识事物间的联系。长期的实践活动和经验可以使人对自己的真正需要有所了解，并根据自己的需要对事物的特征有所了解。事物的利害价值具有恒定性，是基本的特征；而事物的外形表现多种多样，并且可能随机变化。恒定的利害性与变化的外在形状可以在人的认知中各自形成相对独立的反应中枢。

早期人类即可凭借感觉和经验而发现事物外形与其功用的关系，如薄刃可以用来切割，块状可以用来砍砸。尽管在他们还不了解事物的本质特性时，曾经形成了对事物外形的崇拜，把外形与功用相等同，但随着实践活动中对工具的使用，也会逐渐认识到事物外形和内在功用的相对独立性。恩格斯说："和数的概念一样，形的概念也完全是从外部世界得来的，而不是在头脑中由纯粹的思维产生出来的。必须先存在具有一定形状的物体，把这些形状加以比较，然后才能构成形的概念。"① 我国新石器时代有了圭、璧等礼器。据考察，圭最初是测日的工具，其前身很可能是石斧、石铲、石锛等生产工具；山东日照出土的玉铲，"体薄而美巧，不适合于实用，显然，这个物品已发生了价值功能的转移"②。不同功能的器具有相似的形状，使得形状与功能之间的对应关系不再是独一无二的、固定的，特定的形状不再与特定的功能紧密相连。这种一器多用和一用多器的现象反映到人的意识中，促成了功能价值与外形表现的剥离，很自然地带来对事物内在功用和外在形状的相对独立的把握。

促使思维能力高度抽象化发展的另一个重要因素是语言。语言是人类生活的重要工具和内容。实证研究表明：大脑对无意义词和有意义词是分别处理的。因此，可以认为存在着处理声音（语声学方面）和含义（语义学方面）的相互分离的通路。③ 对语言中的词汇来说，语声、字形是物理性形式方面的因素，语义是观念性内容、意义方面的因素。利用脑图形技术对语言活动的脑过程进行研究，发现了字及图形有共同

---

① 《马克思恩格斯文集》第九卷，北京：人民出版社2009年版，第41页。
② 于民：《春秋前审美观念的发展》，北京：中华书局1984年版，第13-14页。
③ 徐科：《神经生物学纲要》，北京：科学出版社2000年版，第356页。

的语义系统;语义系统存在于左半球广泛区域,以颞叶和前额区为主。损伤这些部位,病人的视、听觉正常,能听到语音和看到文字,但不能理解其意义,被称之为感觉性失语症。① 词汇的音、形具有客观性、共同性;所以大多数人对同一类词的表达区是类似的,但表示具体一个词的神经元兴奋模式则可以不同。② 大概是由于个人的经验不同、理解不同,对词的内涵的神经表达也就不同。这些现象表明,大脑在对语言进行加工时,已经实施了抽象过程,将语言外形(声音)与语言内质(意义)相分离。而语言对促进大脑完全抽象认知能力的发展具有非常强的作用。

实践中,人类凭借对事物本质特征的认识建立起正确的因果关系及逻辑关系。在这一过程中,智能逐步地发展起来,提高起来。一旦掌握了事物的本质特征,就达到了完全的抽象。因此,完全抽象认知能力是通过对事物内在性质和功能价值的提取过程而形成的。相对而言,感知觉是较初级的能力,其分解、抽象功能只能作用于物理性质的信息,不能作用于物理信息所蕴含的意义性信息,而意义性信息更具有利害价值,形成人类智能进化的需要和动力。

有意思的是,对物理信息蕴含着的意义信息的提取过程既促进了抽象思维能力的发展,同时也促进了对事物形式因素的分离、独立过程。当思维对事物内质的完全抽象把握形成之时,形式知觉也就自然而然地形成了。因此,在形式知觉能力的形成过程中起重要作用的,不是感知觉物理性反映能力的发展(毋宁说,人类在这方面的能力反而退化

---

① 黄秉宪:《脑的高级功能与神经网络》,北京:科学出版社2000年版,第92-94页。
② 黄秉宪:《脑的高级功能与神经网络》,北京:科学出版社2000年版,第115页。

第三章 审美发生——审美生命结构的形成与特性

了），而是影响感知觉的思维能力的发展。这就好比"选豆粒"时的情形：一个锅里混杂着许多红豆和绿豆；我们只需要红豆，因此只往外捡红豆；而当红豆全部捡完之时，绿豆也自然地完全独立存在了，形成红豆和绿豆的彻底分离。

人类智能就这样一步步发展，终于达到了能进行完全抽象认知的高度。此时，形状知觉中枢和意义领悟中枢同步地相互区分开来，各自具有了相对独立的功能。此时，形状知觉中枢就演化成形式知觉中枢，即同步地形成了相对独立的形式知觉中枢和意义领悟中枢。这一智能发展程度表现在现代人类儿童中的情形就是达到了皮亚杰所说的"形式运演"阶段。此时，人在意识到概念时，或在抽象地把握事物内在性质时，就"无需具体事物作为中介了"①；同时，也可以对事物的外在形式加以相对独立的知觉，使人类的认知方式和认知活动产生重大变化。

3. 认知与情感的联结

人的一切活动、行为都有对应的情感相伴随。从一般的意义来说，所谓情感，是生命体从生存目的出发对各方面信息加以评估而产生的反应性体验。大脑中主司情绪/情感系统的神经结构可称为"情感反应中枢"。

> 从发生上说，感情体验即脑的感受状态（feeling state）。在广泛意义的进化中，有机体的适应行为在脑内留下痕迹。在大脑新皮质得以逐步进化的过程中，网状结构的激活在脑内留下的痕迹具有感觉的性质，这种感觉是指通过非特异性神经通

---

① ［瑞士］皮亚杰：《发生认识论原理》，王宪钿等译，北京：商务印书馆1989年版，第52页。

103

路产生的感觉,称为感受(feelings)。①

人类在长期的进化过程中,围绕着生存活动,进化出一系列的相关机制。其中很重要又很奇妙的,就是形成了为适应个体和种系生存及发展要求的"评估和控制系统",这一系统完全是为适应生存的利害性需要而形成的,以生存利害性为评估和控制标准,对所有传入信息进行评估,按其重要程度分别处理;机体对生存状态加以评价所产生的结果及其感受体验就是情感反应;评估系统和机能既是先天的,又是后天发展的动态结构,可以随经验而改变评估标准和监控目标。② 当人进行知觉活动时,利害性评估控制系统就从本能设定和经验设定出发,综合分析机体内部状态及当时外在环境的信息,根据生存利害意义的轻重缓急来决定注意指向,调整行为。同时,机体内部的相关反应都传递到大脑中,形成可意识到的情感体验。由这一评估控制系统的工作所决定,凡是被认为与生存状况相关的活动和感受,都带有利害性的色彩,所引起的情感体验也都是利害性的。

从进化的观点看,情绪是在脑进化的低级阶段发生的,特别与那些同调节和维持生命的神经部位相联系。情绪作为脑的功能,首先发生在神经组织进化上古老的部位。丘脑系统、脑干结构、边缘系统、皮下神经核团等这些整合有机体生命过程的部位,都是整合情绪的中枢。随着人类的进化,大脑皮质,

---

① 孟昭兰:《婴儿心理学》,北京:北京大学出版社1997年版,第350页。
② 黄秉宪:《脑的高级功能与神经网络》,北京:科学出版社2000年版,第209页。

<<< 第三章 审美发生——审美生命结构的形成与特性

尤其是前颞叶的发展对情绪与认知的整合起着重要的作用。①

人类的生存不仅是低级进化过程中的生物性、生理性活动，还发展出高级的社会性、精神性活动。随着人类智能进化的脚步，评估控制系统同步地受到智能的调控，呈现出由低级形态逐渐向高级形态发展的态势。大脑的高级部位可以支配低级部位的活动，发生在大脑高级部位的认知活动可以支配大脑低级部位的情绪中枢，形成受到认知和观念影响的情感反应。这种高级认知活动的出现及同情感状态的连接，使得人的所有情感体验都以机体状态和认知状态为基础。其中，机体状态是人类产生行为和动机的自然根据，认知状态是行为、动机的具体决定因素，也是情感态度和情感体验性质得以形成的重要方式。无论是情感的种类还是情感的性质，都受到认知的制约，有什么样的认知就会有什么样的情感。因此，认知是机体进行评估控制的重要参数，可以深刻地影响到情感的形成和性质。

人类的认知模式化的意义加工赋予情绪以更高级的社会适应的意义是由前额叶皮层以及其他脑的高级部位的功能实现的，是在情绪的低级机构产生的粗略情绪的基础上发生的。②

心理学研究发现，新生儿时期的情绪表现呈现为皮层下情绪兴奋的弥散性扩散，是本能的、纯生理性原因的，没有思维、观念、认识的控制；随着婴儿认知能力的发展，到婴儿半岁时，已逐渐受到皮层的调节，婴儿啼哭明显减少，欢快情绪和苦恼反应逐渐受内、外环境因素的

---

① 孟昭兰主编：《情绪心理学》，北京：北京大学出版社2005年版，第5页。
② 孟昭兰主编：《情绪心理学》，北京：北京大学出版社2005年版，第48页。

制约和调节。① Lazarus（1982，p.1021）认为，某些认知加工是情感反应发生的必要先决条件："对意义或者重要性的认知评价是基础，也是所有情绪状态的基本特征。"②

  Lazarus 及其助手（如 Speisman、Lazarus、Mordkoff 和 Davison，1964）所完成的几个研究证明了认知评价对情绪体验的重要性。他们所采用的一种研究方法是在不同实验条件下给被试看一部会激发焦虑情绪的电影。其中一部电影讲的是在石器时代的一个宗教仪式上，年轻男子切割自己的阴茎。另一部电影讲的是各种工伤事故，其中最吓人的是一个圆锯拦腰切断一个工人，工人在地上挣扎着死去的场景。实验者通过改变影片的配音来操控被试的认知评价，然后比较在这种条件下被试所经受的压力与在影片没有配音的控制条件下被试所承受的压力之间的差异。

  Lazarus 这一系列研究的主要发现是，各种心生理指标揭示否定式和理智式的指导语确实都减少了被试所承受的压力。因此，在个体面临应激事件时操控被试的认知评价会对他们的生理应激反应造成重要影响。③

这项实验在一定程度上从科学角度证明了认知状态对情绪变化的影响作

---

① 孟昭兰：《婴儿心理学》，北京：北京大学出版社1997年版，第135页。
② ［英］艾森克，［爱尔兰］基恩：《认知心理学》第4版，高定国、肖晓云译，上海：华东师范大学出版社2003年版，第750页。
③ ［英］艾森克，［爱尔兰］基恩：《认知心理学》第4版，高定国、肖晓云译，上海：华东师范大学出版社2003年版，第752–753页。

用。我们在生活中也都可以有这样的经验：在读小说、看电影时，随着情节的进展，情感会起伏变化。当我们认识到作品内容表现出不幸事件时，会产生同情、悲伤的感情；当我们认识到作品内容表现出成功、理想的情节时，会产生喜悦、兴奋的感情。

　　认知活动不仅影响到情感的出现，还影响到情感的性质——是肯定性的情感还是否定性的情感。同肯定性情感相关联的形式引发的是美感，具有这种形式的事物被称为美的事物。本来，情感同事物内质的联系是直接的，同事物外形没有必然的联系。但由于外形同内质有直接的联系，从而经过内质的中介，情感也可以同情感建立起联系。所有可引发知觉性快感的外形，都附属于对人有利的事物内质之上。一般来说，凡是于人有害的事物都引起否定性情感，其外形就是丑恶的；凡是于人有利的事物都引起肯定性情感，其外形就是美的。在过去很长一段时间内，野狼是于人有害的，由此决定了人对狼的态度是惧怕和憎恶；在形式知觉方面，狼的样子是狰狞丑恶的。绵羊是于人有利的，人们对之抱有好感；在形式认知方面，绵羊的样子就是美的。

4. 一般认知模块得以形成的脑机制

　　自然界中的任何物体都是完整的统一体，但关于这一完整统一体的信息则要在动物主体的认知信息加工过程中被分解。即，在客观世界中，物体都是完整而不可分割的；在主观世界中，有关物体的信息则是被抽象分解、重新组装的。

　　人在对事物加以认知时，大脑的工作方式是将形式因素和内容因素抽象分解开来，这样才能以编码的形式进行感知、加工、传送。而为了形成完整的认识，又必须把这些被分解了的因素重新组装起来，形成大脑中的知觉。所以，在认知过程的终端，人所感觉到的绝不可能是事物零散的因素，而必然是完整的影像、完整的认识。被认知过程的自然性所决定，人所获得的影像、知觉一定是形式和内容相交融的统一体。

　　人的认知活动以满足生存需要为首要目标。对人的利害性生存需要有意义的是事物的内容因素，内容因素蕴含在事物整体之中，与形式因素交融在一起，并以形式因素为显现信息而被人所知觉。因此，早期人类会很自然地把事物的外在信息混同于事物的内在意义。而形成这种混同的缘由即在于感受的同步性。不同部位的感受如果在发生时间上很接近，就容易被整合为同一事件。即，人在看到一件物体时，首先形成对该物体外形的知觉，形式知觉中枢被激活；继而通过实践经验而了解到物体的内质及其价值和意义，意义领悟中枢被激活；再继而由价值评估系统来评估物体内质与机体生存需要的关系，情感反应中枢被激活。如果对物体价值的领悟是有利于机体的，则产生肯定性情感体验，否则就产生否定性情感体验。

　　具体神经中枢被激活的这几个环节形成一个完整的认知过程。人在对一个物体加以认知时，这几个中枢是几乎同步被激活的，很自然地被大脑整合为同一个事件。大脑对同一个事件的认知加工有相对稳定的工作程序，可以功能性地结成相对固定的神经网络，即形成一个专有的模块化功能性结构，可称之为"认知模块"。在动物和早期人类那里，由于其认知程度达不到完全的抽象，因而其认知模块中几个中枢的构成是"外形知觉中枢/意义领悟中枢/情感反应中枢"式的。这里，对事物外形加以反映的知觉中枢、对事物内质及其价值意义加以反映的意义中枢、对价值意义加以评判并做出反应的情感反应中枢是融为一体的。由对物体外形的知觉开始，到情感和行为反应结束，这一系列的环节呈现为条件反射性的固定活动，三个中枢不能各自独立地形成作用。由于事

第三章 审美发生——审美生命结构的形成与特性

物的价值、意义对生命体的生存需要具有更重要的作用，因而意义中枢居于主导地位，由意义中枢所引发的情感反应是同利害性价值相关联的，形式中枢不能独立地引发情感中枢的反应，因而不能形成不与利害性价值相关的情感。动物和早期人类不具备审美能力的神经机制即在于此。

及至进化到现代人类，才具有了完全抽象的认知能力，可以把事物的外形与其自身区分开来。表明，大脑内部认知结构中的三个中枢可以各自相对独立地发挥作用，从而形成了"知觉模式中枢+意义领悟中枢+情感反应中枢"的神经连接链。这一神经链针对特定的物体及其外形，有特定的形式知觉模式、意义领悟和情感反应，构成现代人类的认知模块。我们所说的认知模块专指现代人的认知模块。

认知模块中的几个组成中枢在脑的生理解剖结构中是分离存在的，为什么能结合在一起形成一个功能性结构呢？这是被大脑的工作方式所决定的。认知科学实验发现：神经系统中，不同区域的神经元间存在着神经发放的同步振荡现象。应用脑电图记录较直接地观察到，在完成认知任务时，人脑内不同脑区之间产生着40赫兹左右的同步振荡，其间相位差不超过1毫秒。这时，对大脑皮层神经元来说是处于高度兴奋状态。这种高度的兴奋一般持续几百毫秒，此时间间隔接近于人类的心理时间尺度，即对一事物认知和持续知觉时间，而且这一同步在由同一对象刺激引起的细胞反应间才明显出现。对神经元间的同步振荡的功能意义，已经提出了一些假说，最重要的是它可能是实现将一个对象相互分离在不同脑区的特征的表达组装起来的机制。这种结合极灵活而又不致引起组合爆炸。即神经元可以通过暂时组合使其兴奋模式灵活地表达大量的事件而又不引起组合间的混淆。引发同步振荡的可以是两个相互关很高的事件，但并不一定是本质上联系的事件。① 这就从脑科学的角度解释出，为什么早期人类常常把本来互不相关但发生时间接近的两个事件结合在一起，并据此而建立起因果联系。

当人对某一事物形成了认知模块时，就形成了深层的、内隐的主客体关系，建立了内隐的连接通道。以后再知觉到与认知模块相匹配的对象事物，会形成直觉性的认知，既能即时加以识别，又能即时意识到其价值和意义，有利于快速做出判断，决定自己的行为。因此，认知模块的建立可以使人的认知更加迅速、更加准确，也可以节约大脑资源，使大脑的工作更加经济。

认知模块是人在进化过程中自然形成的功能性结构，具有一般性。以一般性认知模块为核心结构的认知方式是一般的认知方式，具有利害性，形成利害性的情感。受自然进化的规律所制约，动物和早期人类不可能有生存必需之外的其他需要，也不能有与生存需要无关的认知方式和情感反应。

5. 认知模块确切存在的实验证明

认知模块是大脑认知系统中的核心结构，是否真的存在，能否得到证明？我们知道，认知模块是功能性的结构，不是解剖学意义上专门的、独立的结构，因此不能在解剖学意义上加以证明。不过，我们可以通过一般形式同情感直接关联的过程和机理来间接地加以证明。这种关联在动物和人类功能性的行为和反应中都存在。即，从生命体外在的行为表现推测出脑内的结构和功能。

脑科学和心理学进行过一系列的实验，证明：事物外在表现信息同

---

① 黄秉宪：《脑的高级功能与神经网络》，北京：科学出版社2000年版，第119－126页。

<<< 第三章 审美发生——审美生命结构的形成与特性

机体内在利害性反应及情感反应之间存有确定的联系。伊凡·巴甫洛夫（Pavlov, Ivan Petrovich, 1849—1936）发现，

> 如果每当食物出现的时候都伴随着一声铃声的话，狗能够被教会听到这样的铃声就流唾液……根据巴甫洛夫的分析，食物被界定为是实质上导致流唾液的非条件反应（UR）的非条件刺激（US）。铃声通常并不会引起流唾液，但是当它与食物相伴随时（更适宜地是在食物呈现之前的半秒钟出现），它就获得了使狗流唾液的能力，因为这是一个食物即将出现的象征性的预先步骤。巴甫洛夫发现，经过几次铃声和食物成对出现以后，甚至当没有食物呈现时铃声都能导致狗流唾液。①

巴甫洛夫之后，人们重复了多种类似的实验。

> 母鼠有许多互相联系的母性行为，如喂乳、清洗和保护幼儿，此外还有捡回幼儿。如果将婴鼠放置在离巢几英尺之外的地方，母鼠就会冲跑前去，把它们拖挽回巢。实验以五分钟内母鼠捡回小仔的数目作为挽回强度的度量。研究者发现在婴鼠出生后的几天内，捡回次数很高，随日子的过去，捡回次数平稳地降低。仔细的分析表明，逐渐降低的关键因素是随着小仔的长大而发生的它们外貌的改变。如果定期地给母鼠替换新生的婴鼠，实验者们能使母鼠的挽回反应无限期地（其中一只

---

① [美]弗兰肯（P, anken, R. F.）:《人类动机》，郭本禹等译，西安：陕西师范大学出版社2005年版，第36页。

111

母鼠达 429 天) 维持在很高的水平上。①

母鼠捡回婴鼠的母性行为肯定会伴有母爱之类的情感活动。这一行为及情感与母鼠先天具有的知觉模式及认知模块直接相连；与这种认知模块相对应、相匹配的客体对象，就是婴鼠的外形。母鼠母性行为和情感之被发动，是由于与母鼠相关认知模块相契合、相匹配的婴鼠外形的刺激。当婴鼠逐渐长大而使得外形超出了母鼠足以促成母性行为的认知模块时，事物的外形与母鼠认知模块之间就不构成契合匹配关系了。这时，婴鼠的外形就不再是引发母鼠母性行为的刺激信息了。这一实验清楚地证明了事物形式与个体认知模块之间的对应关系，也证明了个体认知模块与个体行为、情感之间的直接联系。类似的例子还有：国外某动物园的母虎产下虎仔后，因虎仔不幸夭折而患上产后抑郁症。为了治疗母虎，工作人员给猪仔套上虎皮充当虎仔。母虎的知觉显然不是很精确，就把猪仔当作自己的小仔养育。母虎的母爱情感有了寄托后，抑郁症就痊愈了。② 显然，在自然条件下，母虎没有必要对自己的虎仔有更为精细的辨认，只需对其体型大小有感知就可以了。因为，这种样态的、这般大小的、能活动的东西只能是自己的虎仔，不可能是别的东西。当虎仔的体型发育到一定程度时，就表明已经成熟，可以脱离母虎了。这时，母虎抚育虎仔的母爱情感就没有必要了。对母虎来说，与母爱情感相连接的认知模块是与虎仔的大小形状相匹配的。

近期的一项实验研究也显示，当大脑储存情感记忆时，会将感官信

---

① [美] 克雷奇等：《心理学纲要》下册，周先庚等译，北京：文化教育出版社 1981 年版，第 367－368 页。

② https://haokan.baidu.com/v?vid=14959190465299477508&tab=。

息与情感信息捆绑在一起:

  意大利都灵大学和国家神经学研究所研究人员借助一系列实验,训练实验鼠将不同音调的声音、闪光或醋的气味关联电击刺激。声音关联实验中,声音与电击刺激相关联,使实验鼠对特定声音产生恐惧记忆。

  研究人员确认,实验鼠的恐惧和疼痛记忆分别储存在次级听觉、视觉和嗅觉皮层中。譬如,实验鼠看到闪光的同时遭受电击,这一记忆会储存在大脑处理视觉信息的次级皮层;听到某种关联声音,这一记忆储存在大脑处理听觉信息的次级皮层。

  进一步研究显示,大脑接受来自眼睛、鼻子、耳朵、嘴和皮肤等感官信息的区域处理输入信息时被分隔为扮演不同角色的细小"分部",各不相干。换句话说,次级嗅觉皮层受损的实验鼠,依然会对当初关联过电击的声音产生恐惧记忆。[1]

经典条件反射实验是人为的条件,同利害性无关的形式刺激只是由于出现时间的接近就可以同利害性建立起关联。在自然条件下,事物外形引发的知觉同事物功用引发的内在感受总是近乎同时的,因而很自然地融汇在一起。对生命体来说,外形就是功用。功用能引发什么样的情感,外形就能引发什么样的情感。在这一方面,人类有同样的表现:

---

[1] 《感官与情感捆绑被大脑储存》,中国脑科学网,http://www.pai314.com/news.asp?/5160.html。

一个长满绒毛的动物（S），在伴随着一个强烈的噪音刺激出现后引起人的恐惧（Rf），此后这一动物单独出现就能够引起人的恐惧反应。①

事物外形本来没有直接的利害作用，之所以能够引起利害性反应，在于外形同内质的联系，外形成为内质的信号、表征。这种信号、表征作用通过认知过程就形成了类似于内质的作用，可以像内质一样引发一定的利害性反应。例如，婴儿饥饿的时候会感到难受，因而会哭叫；而一看见奶瓶就知道难受感将要消失，于是停止哭叫。真正解决利害性需要的是奶液，奶液的外形表现是奶瓶；奶瓶同内在利害感觉的联系使之成为内在感觉的信号或表征，因而对奶瓶抱有利害性的情感，形成事物外形同利害性情感的连接。我们在生活中还会经常遇到这样的情形：儿童对打针感到恐惧，由此会对穿白大褂的人感到恐惧，甚至对医院的大门感到恐惧。

这种情形使得人的具体情感态度全方位地同事物外在形式相连接，就好像黏着于事物整体之上——既黏着于事物的内在功用之上，又黏着于事物的外形之上。在完全的抽象认知能力尚未形成之时，动物及早期人类还不能把形式完全地抽象开来加以相对独立地看待，同形式相连接的情感因素也就不能被独立地引发出来。这时，能否对事物外形产生注意完全由机体内在的利害状态所决定。当机体有生存需要时，会运用知觉去发现具有一定外形的有用事物；没有生存需要时，就对具有这种外形的事物视而不见。例如，非洲草原的狮子在饥饿时，会运用知觉注意

---

① ［美］弗兰肯（P, anken, R. F.）：《人类动机》，郭本禹等译，西安：陕西师范大学出版社 2005 年版，第 40 页。

发现可捕食的对象物；吃饱之后，对身旁经过的角牛、斑马等动物则不理不睬。从神经实验方面看，猴子在饥饿时，即在有了利害性需求时相关的神经元才对食物的外形信息起反应；一旦吃饱了，就不再对食物外形起反应了。①

还可以做这样的表述：具有特定利害价值的事物内质是以事物形式为信息表征的，事物形式因此与事物利害性有直接的联系；事物形式被人所知觉时，会在知觉中留有与形式表现相对应的神经反应痕迹，这种痕迹达到一定强度而被记忆时，就形成较稳定的形式知觉模式；由于事物形式是事物利害性的信息表征，形式所表征的利害性意义可以经由知觉而与形式知觉模式建立起联系，再经由形式知觉模式的中介而在情感中枢引发相应的反应，形成主体的情感体验。在这一过程中，以往被人们所不见的重要环节是形式知觉模式。如果以形式知觉模式为核心，则形成内外两方面的联系：外在方面，形式知觉模式与事物形式有直接的联系，继而同事物内质及其利害性间接联系；内在方面，同特定的情感反应有直接的联系。于是，事物内质的利与害可以通过形式的表征而引起知觉中以形式知觉模式为体现的好与坏的感觉；好与坏的感觉在审美状态下被体验为美感或丑感。

在形式知觉模式已经建立的条件下，一当知觉到与此相契合的事物及其形状，就会自然地由于这种契合关系而引发相应的情感反应，表现出审美的直觉性。在最普遍的意义上说，凡是能够被人们审美的事物及其形式如花鸟、山水、骏马、牛羊等都是于人有利的；在长期的生活经验中，人们早已建立起与这些事物及其形式相关联的知觉模式。不仅如

---

① ［英］艾森克：《心理学——一条整合的途径》下册，阎巩固译，上海：华东师范大学出版社2000年版，第801页。

此，这些事物蕴含的较为普遍的形式因素也被抽取出来，成为易于引起美感的抽象性形式。如我国传统民间艺术中的剪纸、窗花窗格、中国结等。

生活中的现象和科学实验都可证明，本来没有引发情感作用的事物外形，可以在一定条件下与情感反应结成直接的关系。当然，这种关系是利害性的，是一般的知觉模式和认知方式。审美的最终形成，需要新型认知方式的出现。

二、审美认知模块的形成与特性

人在审美时的表现是：某一事物或每一种形象显现一被人所知觉，立即引发审美感受，不需经过思索，更不需经过理性分析。因此，审美带有直觉的特点。美感是油然而生的，人们常常意识不到美的事物的内在属性，仅凭对事物外在形式的知觉就做出审美判断。由于只是在对事物外在形式做出认知判断时才能产生美感，因此与事物内在的利害性价值无关，呈现出无利害性状态。如康德（Immanuel Kant，1724—1804）所说，"鉴赏是通过不带任何兴趣的愉悦或者不悦而对一个对象或者一个表象方式作评判的能力。这样一种愉悦的对象就叫作美的"[①]。能够被称为"美的事物"的对象事物，是在无利害性鉴赏判断中以"它的表象直接地与愉快的情感相结合"的。怎样才能达到无利害性的认识，使形式直接与美感相关联呢？从科学的角度看，物体的外形不可能直接同情感相关联，必须经过形式知觉的中介。但如果形式知觉激活的是意义中枢，则形成利害性的意识，不能审美。因此，事物外形要能经由形

[①] ［德］康德：《判断力批判》（注释本），李秋零译注，北京：中国人民大学出版社2011年版，第40页。

<<< 第三章 审美发生——审美生命结构的形成与特性

式知觉而直接与情感中枢相连,需要认知模块中的知觉中枢越过意义中枢而同情感中枢直接相连。这一连接是可能的吗?人类审美活动的现实存在,表明这一连接应该是确实的存在,而脑科学研究则为我们认识这一过程提供了充分的根据。

1. 有觉知意识与无觉知意识的相互转化

人类的审美认知活动,归根结底源自大脑神经活动的特性。现如今,脑科学研究已经对大脑神经活动的特性有了相当深入的了解,特别是揭示了大脑的无意识认知现象。哲学史上对无意识现象早已有所认识。虽然相关研究中对意识和无意识概念内涵的看法还有所不同,但一般认为,个体可觉知的心智活动叫作意识活动,个体不能觉知的心智活动叫作无意识活动。① 脑科学对无意识活动的揭示为我们认识奇妙的审美现象提供了科学的根据。

> 我们知道,脑内有两类不同的神经活动,一类是经常与机体外部环境的信息有关的,可以为主体所感知的,可称为有意识的神经活动。另一类神经活动不为主体所感知,其中包括有关内环境信息及运动命令信息等,可称为无意识的神经活动。而在思维过程中,仔细分析也会发现有两类神经活动同时存在,其中只有一部分为意识感知的。……与此同时,还存在大量无意识的神经活动,它们可以影响和调制有意识的信息处理过程。由于这种无意识神经活动的作用,使得人类的思维活动显示出生动活泼,有时是难于捉摸的性质。②

---

① 唐孝威:《心智的无意识活动》,杭州:浙江大学出版社2008年版,第23页。
② 黄秉宪:《脑的高级功能与神经网络》,北京:科学出版社2000年版,第217页。

意识和无意识是可以相互转化的。这种相互转化的过程及其机制对审美研究具有非常重要的借鉴价值。中国脑科学家提出的"神经活动的双重阈值假说"认为：

> 脑内的信息处理过程是在精密调控下进行的。脑在进化过程中形成了完善的调节控制机构。脑的灵活的信息处理有赖于调控机构的作用。①

> 为了在神经网络框架内，表现出两类神经活动的差别，并在神经网络中实现相互转化，我们提出了一个称为神经活动的双重阈值假说。我们知道一个神经元是否处于兴奋状态，决定于它接受到的所有突触输入的时空总和引起的膜电位是否达到或超过一定值，当此膜电位超过此阈值时，神经元兴奋，发出输出脉冲，我们称此阈值为神经活动的第一种阈值。脑内存在自发的神经元活动，在任何时候都有许多神经元在兴奋。而且在思维过程中，不同脑区内也有多个神经元兴奋模式出现，这些神经元的兴奋并不能为我们所觉察，在一个时间内，我们一般只觉察到一个事件的存在。即我们在一个时间内仅能意识到一事物的存在。因此，我们设想，虽然脑内有多个神经元兴奋模式出现，但由于这些兴奋模式的兴奋强度（可用总的发放频率或一定时间内脉冲总量来度量）不够，因而不为意识所感知。只有当神经元兴奋模式的强度超过一定值时，这一神经

---

① 黄秉宪：《脑的高级功能与神经网络》，北京：科学出版社2000年版，第218页。

第三章 审美发生——审美生命结构的形成与特性

兴奋模式能为意识感知，而这一神经兴奋模式也决定了当时意识的内容。超过此阈值愈多，则对此内容的感受愈鲜明。我们称此阈值为第二种阈值（或意识阈值）。这样在脑内的神经活动，每一个神经元按第一种阈值的规则产生兴奋，并造成神经元网络中神经兴奋模式的转换。而神经兴奋模式由于神经系统中广泛存在的相互抑制和相互作用，按第二种阈值规则，可以产生无意识兴奋模式和有意识神经模式的相互转换，这就是我们的神经活动的双重阈值假说。[1]

即，脑内信息加工系统中大脑皮层相关脑区的激发，是脑区进行信息的有意识加工和无意识加工的基本脑机制。按照"双重意识阈值假说"，意识的状态和功用是动态变化的。当感官的神经元所受到的外界刺激达到或超过一定强度，就能够引起相应神经元的兴奋并发出输出性的神经脉冲信号，被称为神经活动的第一阈值。大致说来，凡是能够被我们感觉到的信息（如进入眼帘的视像、进入耳蜗的声音）都是达到第一阈值的。但是，达到第一阈值而能被感官所感觉到的信息未必都能在有意识加工层面引起主体的注意和觉察。事实上，脑内的神经元存在着自发性的活动，任何时候都有许多神经元在兴奋。但这些神经元的兴奋并不都能为我们所觉察。受到大脑神经加工能力的限制，在一个时间内，我们一般只觉察到一个事件的存在。因此，虽然脑内可同时有多个神经元兴奋模式出现，但大脑一般只能觉知到其中的一个。被觉知到的这一个神经元兴奋模式是兴奋强度最高的，其他的兴奋模式则兴奋强度相对不

---

[1] 黄秉宪：《脑的高级功能与神经网络》，北京：科学出版社2000年版，第219-220页。

够，处于有意识加工的所需阈值之下，因而不为意识所感知。即，只有当神经元兴奋模式的强度超过一定阈值时，这一神经兴奋模式才能为意识所感知，成为当时主体意识活动的内容。此阈值被称为第二种阈值（或意识阈值）。而如果原先处于意识层面的神经元兴奋模式变弱，或者无意识层面中的某一个神经元兴奋模式变得更强，这一更强的神经元兴奋模式将挤入意识层面，将原来的、相比较更弱的神经元兴奋模式挤出意识层面，让其回到无意识层面。如此，大脑不断进行着无意识神经兴奋模式和有意识神经兴奋模式的相互转换。①

那么，哪些信息会被注意而进入有意识层次中呢？这要随着生命机体的状态而有所不同。脑内的评估系统在各水平层次上对脑内所有的信息（包括外源性感觉信息和内源性感觉信息）都实时地进行着出自利害性目的的监控，根据自身状态和周围环境做出判断和决定。被自然进化原则所决定，任何生命机体都以种族延续、机体生存为第一需要。同生存性需求密切相关的信息需要优先处理，占用大量的意识资源，因而被评估系统置于优先地位，往往兴奋度很强，得以优先进入意识加工层次。但如果个体的生存性需求已经得到满足，没有急切的生存需要，则与生存需要相关的信息就不重要，而另外的一些信息如具有新奇性、发展性的信息就相对重要起来。这时，不具重要意义的生存性信息就被屏蔽在注意之外，不能进入可觉知的意识活动中。而非生存性信息则被注意，进入可觉知的意识活动中。一旦主体发现另有一些信息于己有关或更加重要了，就会引起警觉性注意而使该信息的意义增强，使其进入有觉知的意识之中。

---

① 黄秉宪：《脑的高级功能与神经网络》，北京：科学出版社2000年版，第219-223页。

意识和无意识就这样，随着主体的状态和对信息重要性的评估而相互转化。如果用计算机的原理来比喻，则脑内意识阈值之上和意识阈值之下的多水平层次加工相当于计算机的多任务计算，即计算机可同时运行多个程序；注意相当于计算机的前台屏幕；在计算机前台屏幕上显现的内容相当于有意识，在计算机后台运行的内容相当于无意识。计算机后台运行的内容可随时被调到前台在屏幕中显示，某一特定任务的前台位置与后台位置可以相互转换。

2. 一般认知模块向审美认知模块的转化

大脑认知神经活动中有意识加工与无意识加工之间相互转化的工作机制，决定了一般认知模块与审美认知模块之间的相互转化。对审美来说，最为重要、最为关键的是由一般认知模块向审美认知模块的转化。这是审美活动最核心的机制。

人在进化中形成的一般性认知模块及认知方式都是同生存性的实用需要相关的，其认知过程中的顺序环节是：首先，对物体的知觉激活形式知觉模式中枢，形成对物体的识别；其次，形式知觉模式中枢激活意义领悟中枢，从而直觉性地领悟到该物体的利害性价值和意义；最后，意义领悟中枢激活情感反应中枢，根据对价值和意义的判断而形成情感反应及体验。

在一般认知方式中，意义中枢具有核心地位。这是因为，从进化的角度看，人对外界环境加以认知是生存的需要，具有更有利于生存的目的。与生存直接相关的是事物的价值，即事物的利害性。在完全抽象思维形成之前，人类的所有情感体验都是利害性的；这是由生物进化开始的惯性发展。任何一种生物都把生存放在第一重要的地位；凡是对生存有利的因素都会引起良好的感觉，即肯定性情感体验，反之则引起否定性情感。例如，人体在缺乏水分或营养时，处于生理的不平衡状态，对这种状态的感觉就是饥渴。缺乏水分和营养对人的生存不利，因而饥渴感会引发难受、痛苦等否定性情感。补充进适当的水分和食物后，机体恢复到平衡状态，有利于生存，于是形成舒适等肯定性情感。生存的重要性使得动物及人类必定首先是以生存为核心进化出认知能力及相应的认知方式。因此，人在生存需要比较强烈而急切时，会自然地形成利害性注意，专注于同生存需要相关的信息，意义中枢被高度激活，形成与利害性注意相关的意识活动。由于此时的情感来自对利害性价值的感受或领悟，所以这种认知方式所形成的情感是利害性的。

　　如果人的生存需要得到满足，例如已经温饱，机体的各项生理指标达到平衡状态，环境平和安全，没有危险；同时，在社会理想、政治目标等精神方面的利害性需求也不明显而强烈，则此时的生命机体就相对松弛，处于无利害需求状态，不专注于外界的利害性信息，只保留对危险的一般性警惕。

　　在无利害状态下，如果面对的是与肯定性认知模块相匹配的事物及其形式，则虽然主体认知模块中的意义中枢能够意识到该事物的内质及其利害性价值，但由于主体自身没有相关的利害性需求，因此对事物的利害性价值不加关注，致使意义中枢不被充分激活，达不到第二阈值即意识阈值，不进入有意识加工的层面中。但该事物的外在形式仍具有信号作用，是主体时时需要关注的。因此，认知模块中的形式知觉中枢仍然被充分激活，可以达到意识阈值，并进而激活情感中枢，引发肯定性愉悦情感。此时，"知觉中枢＋意义中枢＋情感中枢"的一般认知模块就转化成"知觉中枢＋（意义中枢）＋情感中枢"的新型认知模块，形成新型的认知方式。在这一表述方式中，之所以把"意义中枢"用括号括起来,是为了表示它在新型认知模块和认知方式中处于无意识层面,不能在有意识层面中发挥作用,不能引发情感。即,新型的认知方式是,知觉中枢不经意义中枢的作用而直接地引发了情感中枢,因而使情感体验具有不同于利害性情感的性质,是无利害的愉悦感,又被称为美感。引发美感的对象事物就被称为美的事物,形成美感的活动被称为审美活动。进行审美活动所采用的这种新型认知方式就是审美认知方式,这种新型的认知模块就是审美认知模块。审美认知模块就是这样由一般认知模块转化而来。

如果在审美认知的过程中突然出现了高强度的利害性事件,评估系统会立即启动,使机体转入利害状态,形成利害性注意,中断审美认知活动。于是,审美认知模块及审美认知方式即时转化为一般认知模块和一般认知方式。

例如,关在笼子中的老虎是可观赏的对象,人们可以用审美的认知方式与笼子中的老虎结成审美的主客体关系。这时,人们可以意识到笼子中的老虎不会对自己有伤害,意义中枢不需要高程度的工作,因此处于低水平层面,不在有意识层面中活跃。但假如笼子门突然开了,老虎向观赏者扑过来,主体会立即意识到危险,意义中枢会即时启动,进入有意识工作层面,对情境做出判断并进行最有利的行为。类似情景,生活中有实际的案例。钱塘江大潮是壮观、奇特的自然景象,其样态具有很高的审美价值,是人们非常喜爱的审美对象。每年中秋的钱塘江大潮都有大量游客去观赏。但是,当大潮冲向观赏的人群,对人身安全造成威胁时,当事人会即刻由非利害的审美状态转入利害性状态,不能审美。这时的钱塘江大潮对他们来说不是审美对象,而是可怕的、有害的对象。

一般认知模块与审美认知模块的相互转化，决定性的因素是个体的机体状态。如果机体处于利害性状态，认知结构中的认知模块就是一般性的。如果机体处于无利害状态，认知模块就是审美的。这一机体状态就像一个开关，控制着认知模块不同组成结构、不同性质、不同作用的转化。而归根结底，起到开关作用的机体状态是受自然规律支配的。自然规律支配着机体时而处于利害状态，不可审美；时而处于无利害状态，可以审美。这使得审美中的利害性与无利害性呈现出复杂的关系。

审美时，不是运用利害意识对事物利害价值进行分析、判断；而是运用形式知觉模式对事物形式加以直觉。虽然审美时被人所关注的只是事物形式，但事物形式不能抽象地存在；所有实体事物都要作为内容与形式的统一而整体地存在。因此，审美时人所面对的是整体的事物，这一事物内质方面的利害性信息和形式方面的非利害性信息都将被大脑所接受。以既定认识为前提，大脑能够识别、判断事物的利害性是于己有利还是有害。如果判定事物是于己有利或于己无害，认知活动就能进入下一个环节，由形式知觉模式来识别、判定事物形式是否与自己相吻合。如果二者吻合，将产生美感，反之则不产生美感。

因此，主体利害意识对事物利害性的判定是审美时的一个基本前提，为审美活动所必不可少，其作用相当于对审美活动的实现提供保障。人只有在得到利害意识认可的前提下，才能运用形式知觉模式对事物形式加以直觉。利害意识对事物利害性的判定标准非常简单，就是看它是有害还是无害。凡是判定为无害的，机体可以继续保持非利害状态，审美活动可以继续进行；一旦判定对象事物为有害，评估系统将立即发出警报，机体将由非利害状态转为利害状态，审美活动的前提条件被取消，知觉活动无法进入下一个环节，审美过程就此中断。因此，非利害的审美一定要得到利害意识的认可。

当然，事物的利害性并不直接等于审美性；事物利害性之能影响到事物是否具有审美性，要经由认知模块的形成过程。反过来看，认知模块的建立，要以生存性利害需要的感受为依据，以事物内质的有利性为中介。凡是能引起舒适感受的事物，其外在形式因素都会引发肯定性情感，从而在认知结构中建立起肯定性的认知模块；与此认知模块相契合的事物及其外形就是美的。反之，凡是在利害需求方面使人感受不好的事物，其外形都引起否定性情感，从而形成否定性的认知模块；与此认知模块相契合的事物及其外形就是丑的。所以，没有什么事物及其形式自然地就是美的，也没有客观的"美本身"或审美属性使形式成为美的。事物形式的美与不美取决于形式与认知模块之间的关系。而审美的认知模块是在有利性基础上，由与肯定性情感相连接的一般认知模块转化而来。

为什么审美时利害意识对事物无害性的识别和判定不引起利害性行为，而对有害性的识别和判定就引起利害性行为呢？这是因为：无利害需求状态意味着没有安全方面的需求，没有受到有害因素的威胁；无害感觉是动物及人的常态感觉，处在熟知的、没有威胁的环境中，人只需由利害评估系统在无意识层次中暗中监控就行了，不必形成显在的利害需求，不必占据注意的中心，不构成利害状态。此时，各种可能引起利害状态的利害意识都处于有意识阈值下的无意识层次中，不被人的当前意识所觉知。一旦形成有害判定，将产生两个后果。一个后果是，知觉的对象事物，其形式与有害的内质形成了直接的纵向联系，而根据形式知觉模式得以形成的规则，建立在有害性基础上的事物形式不能建构出肯定性的认知模块，不构成审美知觉的条件。另一个后果是，有害性的判定将使主体由非利害状态转换为利害状态,消除了审美的可能性。当然,这种解释还只是一种假想,是根据认知科学的成果推测出来的。

为什么人对有害事物的感觉更为强烈呢?心理学家引用的一个说法或许有点启发价值:如果你向一桶好酒中加一勺脏水,你就彻底破坏了它;但如果你向一桶脏水中加一勺好酒,这并不会带来任何好处,如果你听说了有关一个人的很多正面信息和一个负面信息(如"他爱骗人"或"她很冷漠"),那么在你对这个人的判断中,负面信息通常会占了上风。① 有报道说:英国伦敦大学院的实验研究表明,潜意识(即我们所说的无意识)反应对负面信息更敏感。该校研究人员分析了50名志愿者对各类信息的潜意识反应。他们要求这些人注视一个屏幕,上面飞速闪动一系列词语,每个词语出现时间只有五十分之一秒,是不可能清楚辨认的。这些词语分为三类,正面的如"高兴""鲜花""和平",中性的如"箱子""水壶",负面的如"苦恼""绝望""谋杀"等。每个词语闪过之后,这些志愿者被要求判断其感情色彩,并报告说自己对这一判断有多大把握。结果发现,志愿者对那些负面词语的判断更为准确,即使有时认为自己纯属猜测。研究人员说,这一研究说明潜意识至少可以帮助判断信息的感情色彩。而潜意识对负面信息更敏感可能与进化过程中的优越性选择有关,比如当看到一个人拿着刀向你跑来,或者开车看到"危险"标志时,潜意识反应更快的人能够更好地处理局面。② 其内在原因或许是,一般来说,有害的东西将威胁到个体的生

---

① [美]卡莱特(Kalat. J. W.)等:《情绪》,周仁来等译,北京:中国轻工业出版社2009年版,第231–232页。
② 中国脑科学网,2009–10–10;http://www.pai314.com/news.asp?/4555.html。

<<< 第三章 审美发生——审美生命结构的形成与特性

存,必须形成应激反应以最大化地调动资源加以应对,机体因而自动地进入利害状态。

被世界中事物利害性的种类所决定,利害意识也是多样而丰富的。可以有社会、文化、历史的利害性,表现为阶级性、政治性、道德性等;也可以有自然的利害性,如生态性、生命性、普遍情感性等。所有这些种类都合为一体,共同构成审美时的利害前提。当然,利害意识中的社会文化因素表现得更为明显而突出,是目前利害价值的主要成分。相对说来,利害意识中的自然因素表现得不大突出,以至于人们感觉不到自然事物审美中的利害性问题,进而以为自然事物具有客观的审美属性。其实,人在对自然事物进行审美时,包括社会文化因素的利害意识仍然作为前提而存在。不过,大多数自然事物本来不具有社会文化型的利害性,在社会文化方面不存在有利还是有害的问题,这就相当于无害。

认知模块理论一定程度上印证了西方神经美学研究的看法。查特基教授在否定了脑中存有审美的专有神经网络的同时,也看到:"我们的神经子系统可以进行灵活的组合,产生审美体验。"[①] 即是说,人脑进行审美时,不是依靠专有的神经结构,而是将分布在不同脑区的神经子系统组合起来,使之形成特有的功能。一般认知模块本身不是审美的专有结构,审美认知模块也不是为了审美而形成,而是其功能可以造成审美的情感体验,被看作是审美的生命结构,其组成过程和机制,符合认知神经科学研究的成果。

综上所述,一个事物能否被感知为美的事物,取决于人是否形成了

[①] [美]安简·查特吉(Anjan Chatterjee):《审美的脑:从演化角度阐释人类对美与艺术的追求》,林旭文译,杭州:浙江大学出版社2016年版,导论第5页。

相应的审美本质力量，即是否形成了对这一事物加以认知的生命结构——认知模块。我们不能把这一过程理解为认知产生了美，也不能理解为美感决定了美。因为"美"字在现实生活中的实际意义是指美的事物。而一切美的事物，从根本上说是客观存在的一般事物。美的事物作为事物，是不以人的意志为转移的客观存在；而作为美的事物，则一定要同人的审美的本质力量结成对象性关系，即同人的特定生命结构结成对象性关系。当以认知模块为生命结构而形成人的审美本质力量时，与这种生命结构暨审美本质力量相对应、相匹配的事物就对象性地成为可被感受的审美事物。对于客观事物而言，如果主体没有建立起相应的知觉模式及认知模块（例如没有形成有音乐感的耳朵），就不能成为这个主体的审美对象。对于人而言，如果面对的事物不契合自己已有的知觉模式及认知模块，就不能把这个事物看成是审美对象。可以说，正是依靠着特定的生命结构，人类形成了审美的本质力量，开始了审美的对象化活动。从而，"人不仅通过思维，而且以全部感觉在对象世界中肯定自己"[1]。

3. 审美认知模块的内隐性及其美学阐释意义——对康德美学的解读

认知模块最重要的作用，是以形式知觉中枢为中介，实现了事物外形与主体美感体验的直接连接。每一次审美活动的进行都是这种连接的现实表现。但是，传统本体论路径美学的观念根深蒂固，不少人不理解这一连接中认知模块的作用，仍然以为，事物外形与主体美感体验的直接关联来自事物外形中存在的"美"对主体的直接作用。产生这一误

---

[1] 《马克思恩格斯文集》第1卷，北京：人民出版社2009年版，第191页。

解的一个重要原因是,认知模块的形成和作用都是大脑自动完成的,主体往往没有有意识的觉知,因而会错觉性地觉知自己的审美过程。如果不以脑科学为依据而揭示出审美活动内在隐蔽的过程和机理,这种错觉总是难以避免的。

认知模块的重要特性之一是内隐性。认知模块内隐地存在于大脑的无意识层面中。审美,是大脑内隐认知活动的典型表现。

所谓内隐认知,是指人的大脑可以在无意识状态下自动地进行认知加工活动。内隐认知不同于人的自觉的、有意识的、可觉察到的认知活动,是在大脑中隐蔽地进行的,所以称之为"内隐认知"(或叫"无意识认知""非陈述性认知"等)。内隐认知是人的意识活动的重要方式,也是人的整体认识能力的组成部分。

内隐认知包括了内隐记忆、内隐学习和大脑自动化加工等具体环节。"内隐记忆是在这样的情况下显示出来的,即在一个不需要对先前经验进行意识的或有意的回忆测验中,先前经验促进了作业效果。"[①] "它反映了一种自动的、不需有意识参与的记忆。这种记忆的特点是:人们并没有觉察到自己拥有这种记忆,也没有下意识地提取这种记忆,但它却在特定任务的操作中表现出来。"[②] "内隐学习是指个体在无意识的情况下获得客观环境中的刺激信息或复杂知识与经验的过程。"[③] 近几十年来,认知神经科学的深入研究和实验都证明了内隐认知的存在和特点。

---

① [美] M. S. Gazzaniga 主编:《认知神经科学》,沈政等译,上海:上海教育出版社1998年版,第496页。
② 杨治良等:《记忆心理学》,上海:华东师范大学出版社1999年版,第202页。
③ 梁宁建:《当代认知心理学》(修订版),上海:上海教育出版社2014年版,第180—181页。

虽然只是近几十年来才在脑科学意义上证明和阐释了内隐认知，但在人类认识史上，人们很早就发现并讲述了有关现象。及至到了莱布尼茨（Leibnitz，1646—1716），认识已经相当清楚而准确。莱布尼茨提出了"微知觉"理论，讲述了所谓非常微小而不被人所注意的知觉，说：

> 灵魂本身之中，有种种变化，是我们察觉不到的，因为这些印象或者是太小而数目太多，或者是过于千篇一律，以致没有什么足以使彼此区别开来；但是和别的印象联结在一起，每一个也仍然都有它的效果，并且在总体中或至少也以混乱的方式使人感觉到它的效果。譬如我们在磨坊或瀑布附近住过一些时候，由于习惯就不注意磨子或瀑布的运动，就是这种情形。并不是这种运动不再继续不断地刺激我们的感觉器官，也不是不再有什么东西进入灵魂之中，由于灵魂和身体的和谐，灵魂是与之相应的；而是这些在灵魂和在身体中的印象已经失去新奇的吸引力，不足以吸引我们的注意和记忆了，我们的注意力和记忆力是只专注于比较显著的对象的。因为一切注意都要求记忆，而当我们可以说没有警觉，或者没有得到提示来注意我们自己当前的某些知觉时，我们就毫不反省地让它们过去，甚至根本不觉得它们；但是如果有人即刻告诉我们，例如让我们注意一下刚才听到的一种声音，我们就回忆起来，并且察觉到刚才对这种声音有过某种感觉了。因此是有一些我们没有立即察觉到的知觉，察觉只是在经过不管多么短促的某种间歇之

第三章 审美发生——审美生命结构的形成与特性

后，在得到提示的情况下才出现的。①

莱布尼茨的讲述同现代脑科学有关内隐认知的研究和实验基本吻合。显然，莱布尼茨所说的"微知觉"，就相当于现代认知神经科学所说的"内隐知觉"。

内隐认知处于无意识层面之中，但却可以对显意识认知产生重要影响。"即在解决问题或学习过程中，没有意识到控制自己行为或动作的规则是什么，但却学会了去运用这些规则来获得知识与技能。"② 莱布尼茨也曾说过："因此这些微知觉，就其后果来看，效力要比人所设想的大得多。就是这些微知觉形成了这种难以名状的东西，形成了这些趣味……"③ "所有这一切都使我们断定，那些令人注意的知觉是逐步从那些太小而不令人注意的知觉来的。如果不是这样断定，那就是不认识事物的极度精微性，这种精微性，是永远并且到处都包含着一种现实的无限的。"④ 可以看出，莱布尼茨的哲学思想，非常深刻而准确地对内隐认知活动的特性和作用做出阐述。有学者评价说："无意识的微知觉理论是莱布尼茨在人类思想史上所做出的最为杰出的贡献。因为是他虽然如上所述是近代理性派认识论的一个重要代表和集大成者，但他却是人类思想史上第一个从哲学本体论和哲学认识论高度提出并系统论证无

---

① [德] 莱布尼茨：《人类理智新论》序言，陈修斋译，北京：商务印书馆1982年版，第9页。
② 梁宁建：《当代认知心理学》（修订版），上海：上海教育出版社2014年版，第181页。
③ [德] 莱布尼茨：《人类理智新论》序言，陈修斋译，北京：商务印书馆1982年版，第10页。
④ [德] 莱布尼茨：《人类理智新论》序言，陈修斋译，北京：商务印书馆1982年版，第12页。

意识的微知觉理论的第一人。"①

作为"莱布尼茨-沃尔夫学派"的门徒，鲍姆嘉通（A. G. Baumgarten, 1714—1762）接受了莱布尼茨的这些思想。由于当时人们只关注显意识的理性和逻辑现象，不大关注这种已被揭示出来的无意识内隐认知现象，所以鲍姆嘉通才要设立一门以无意识内隐认知为研究内容的学科，并且命名为"Äesthetica"即"埃斯特惕卡"。鲍姆嘉通对埃斯特惕卡学科的界定是：

> 美学（Äesthetica）作为自由艺术的理论、低级认识论、美的思维的艺术和与理性类似的思维的艺术是感性认识的科学。②
>
> 我想阐明：哲学和如何构思一首诗的知识是连接在一个最和谐的整体之中，却往往被视为完全相反的东西。③

鲍姆嘉通对埃斯特惕卡的界定和说明，正符合内隐认知的特征。"构思一首诗的知识"就是内隐认知能力。它作为"类理性"，同哲学的理性思维即有意识思维能力一起，共同构成人的完整的认知能力。

以此观之，鲍姆嘉通所说的埃斯特惕卡，其本义应该是"内隐感觉学"或"内隐感性学"。康德在《判断力批判》中所说的"埃斯特惕卡"，其含义也应该是"内隐感性"，不能理解并翻译为"美学"

---

① 段德智：《莱布尼茨哲学研究》，人民出版社2011年版，第262页。
② ［德］鲍姆嘉腾：《美学》，简明、王旭晓译，文化艺术出版社1987年版，第13页。
③ ［德］鲍姆嘉腾：《诗的哲学默想录》，［德］鲍姆嘉腾：《美学》，简明、王旭晓译，北京：文化艺术出版社1987年版，第126页。

"审美",也不能等同于一般的"感性""感觉"。

在内隐认知的视域下,运用认知模块理论去看康德美学阐述,才能加以顺通理解。而借鉴康德美学阐述,可以更加深刻而细致地理解审美现象。

一直以来,美学研究的一个难点是:事物外形为什么能引发美感?能引发美感的事物外形具有什么独有的因素?经反复研究,人们发现,所有事物的所有外形都既可能引发美感,也可能不引发美感,从事物外形自身中不可能寻找到特有而独立地同审美相关的构成因素。但审美又的确同事物的外形相关。审美这种既受外形影响又不被外形所决定的现象着实令人迷惑。

康德也看到并分析了这种现象,认为埃斯特惕卡研究的难点就在于此。说:判断力及对象的表象"根据某一条先天原则而与愉快或者不快的情感有一种直接的关系……这种关系恰恰是判断力的原则中的难解之点,它使得有必要在批判中为这种能力划出一个特殊的部分"①。康德对这一难解之点的研究路径,是从主体的心灵能力即鉴赏判断力入手加以探讨。"一切都归结到鉴赏的概念:鉴赏是与想象力自由的合法则性相关的对一个对象的评判能力。"② "为了区分某种东西是不是美的,我们不是通过知性把表象与客体相联系以达成知识,而是通过想象力(也许与知性相结合)把表象与主体及其愉快或者不快的情感相联

---

① [德]康德:《判断力批判》(注释本),李秋零译注,中国人民大学出版社2011年版,第3页。
② [德]康德:《判断力批判》(注释本),李秋零译注,中国人民大学出版社2011年版,第69页。

系。"① 鉴赏判断力是埃斯特惕卡能力即内隐认知力的集中表现。依靠内隐的鉴赏判断力，才能将对象的表象（事物形式）同美感直接相连。

康德的表述非常特别，也非常精到。他认为，鉴赏判断力的对象不是事物的可被感官所知觉的自然性状，而是不与感官相关的埃斯特惕卡性状。

> 在一个客体的表象上纯然主观的东西，亦即构成这表象与主体的关系、而不构成其与对象的关系的东西，就是该表象的审美性状。但是，在该表象上用做或者能够被用于对象的规定（知识）的东西，则是该表象的逻辑有效性。②

审美的性状即埃斯特惕卡的、内隐的性状。具有内隐性状的表象是内隐表象，内隐表象才与主体的鉴赏判断力及美感有直接的联系。

康德"埃斯特惕卡性状"概念的提出具有重要的理论价值。实际上是把客体事物的表象分为两个层级：一个层级是心理学意义上的，是对象同主体感官相对应的信息显现，是显意识的、知性的、逻辑判断方式的，可简称为"感官表象"；另一个层级是先验意义上的，不同主体感官相对应，是埃斯特惕卡的即无意识的、内隐认知方式的，可简称为"内隐表象"。感官表象同客观实有的、可用概念表述的东西相关联；内隐表象同主观的、不可用概念表述的东西相联系。康德把后者又称为

---

① ［德］康德：《判断力批判》（注释本），李秋零译注，中国人民大学出版社2011年版，第33页。
② ［德］康德：《判断力批判》（注释本），李秋零译注，中国人民大学出版社2011年版，第21页。

<<< 第三章 审美发生——审美生命结构的形成与特性

具有"主观合目的性"。

先行于一个客体的知识的,甚至不想为了一种知识而使用该客体的表象也仍然与这表象直接地结合着的那种合目的性,就是这表象的主观的东西,它根本不能成为知识的成分。因此,对象在这种情况下之所以被称为合目的的,就只是因为它的表象直接地与愉快的情感相结合;而这表象本身就是合目的性的一个审美表象。①

主观合目的性只在内隐表象中存在;在感官表象中存在的是客观合目的性。康德在"第一导论"中说:"感觉的感性判断自身含有质料的合目的性,而反思的感性判断则含有形式的合目的性。"② 这段中文译文中的"感觉的感性判断"指由感官进行的判断,所形成的是感官表象。"反思的感性判断"指内隐的判断,所形成的是内隐表象。由于存在的层级不同,内隐表象的特征和根据就不同于感官表象,其性状不是质料的,不是概念性、完善性、几何形式、色彩、悦音等。所有在时空中存在的对象物都必然地具有感官表象,但不一定都具有内隐表象。不具有内隐表象的对象物不论其感官表象具有什么样的外形或自然性状,都未必是美的。只有当对象物既具有一定的感官表象又具有内隐表象(内隐表象必然具有主观合目的性)时,才可能是美的。即,如果对象

---

① [德]康德:《判断力批判》(注释本),李秋零译注,中国人民大学出版社2011年版,第22页。
② [德]康德:《〈判断力批判〉第一导论》,《美,以及美的反思:康德美学全集》,曹俊峰译,金城出版社2013年版,第325页。

物具有了内隐表象，则该对象的感官表象就可在显意识中成为主体知觉的审美对象。

但是，埃斯特惕卡表象即内隐表象是什么，是怎样存在的？康德没有指出来，所有的研究也没能指出来，因此康德美学阐述带有一层神秘的面纱，令人感到难以理解。按照认知模块理论来解读这一阐述，埃斯特惕卡表象是非常特殊的一种东西。既不是物理性的存在，像自然界实有物体的外形那样；也不是心理性的存在，像知觉中、记忆中的形象及意象那样。如果一定要说它是存在的，就只能是内隐认知性的存在，是虚拟性的或关系性的存在。即，在认知模块关系中作为形式知觉模式的对象而存在。

生活中，通常在主客体之间形成的认知关系，由客体物理性的外形与主体感官知觉所结成。例如我们看到了柳树的样子，形成对柳树外形的知觉。当视线离开柳树时，认知结构中仍能保留对柳树外形的印象，即对柳树外形的记忆。这种印象，作为对客观的柳树外形的表述，我们称之为形象；作为主观中的记忆，称之为意象即心中的形象。这种认知关系是显意识的。显意识层面中柳树的外形及形象，按照康德的表述即是感官表象。

审美时的主客体关系都是显意识的，主体所感知的客体对象是感官表象。看上去，美感是由感官表象所引发，例如在生活中是柳树引发了美感，但如果要在柳树中寻找能够同美感建立直接联系的东西，则无论如何也找不到。那柳树是怎样引发美感的呢？这正是康德的深刻、精细之处。他认为，只是柳树的埃斯特惕卡性状即埃斯特惕卡表象才能同美感直接相关联。对这一阐述做认知模块论的解读，那就是：当柳树与人结成了肯定性的认知模块关系时，就在显意识的知性认知关系之外，又结成了一种无意识的内隐认知关系。以内隐认知模块的事先建立为前提，即以内隐认知关系为前提，主体才可以在显意识的知性认知关系中，由柳树的感官表象而直觉地产生美感。赘言之，在现实审美关系中，作为主体的自然的人与作为客体的自然的物体，二者之间是物理性的对象性关系，即知性认知的主客体关系。在物理性的对象性关系背后，是内隐的对象性关系，即内隐认知的主客体关系。只有在内隐认知的主客体关系基础上，才可能结成人与物体之间物理性的、知性认知的审美关系。

康德当时虽然不知晓认知模块的存在，但看到了以认知模块为生命结构而结成的主客体关系及其作用，并且以主观合目的性理论加以阐述。主观合目的性不是一种独立存在的构成性因素，不是有意识的、主动的追求目标，而是表示主客体之间的内隐认知关系。如果事物的感官表象能引发主体的美感，即表明它具有内隐表象，因而具有适合于美感的属性。适合于美感就是适合于鉴赏判断力，因而美感及鉴赏判断力就是埃斯特惕卡表象的根据。适合于根据就是适合于目的。适合于目的就是具有合目的性。由于内隐认知关系只能在主观中存在，因此埃斯特惕卡性状及埃斯特惕卡表象的合目的性是主观合目的性。

如果对象的表象同鉴赏判断相一致、相匹配，就是具有了主观合目的性。

> 如果在这种比较中，想象力（作为先天直观的能力）通过一个被给予的表象被无意地置于与知性的一致之中，那么，

对象在这种情况下就必定被视为对反思性的判断力来说合目的的。①

主观合目的性关系，实际上就是事物外形（对象的表象）通过审美认知而与认知模块之间的对应匹配关系。可在内隐层面中同认知模块相匹配的表象，就是具有埃斯特惕卡性状的表象，同时又是具有主观合目的性的表象。康德主观合目的性的提出，其意义就在于揭示对象事物的内隐表象相对于审美主体的适应性。

如果对一个直观对象的形式的纯然把握（apprehensio）无须直观与一个概念的关系就为了一个确定的知识而有愉快与之相结合，那么，这个表象就由此不是与客体相关，而是仅仅与主体相关；而这愉快所能表达的就无非是客体与在反思性的判断力中起作用的认识能力的适应性。②

所有的适应性都只能在关系中存在。所谓适应，一定是相互的、双向的。既然内隐表象具有适合于主体的合目的性，那么反过来，主体也一定具有适合于内隐表象的合目的性。"由对事物（既有自然的事物也有艺术的事物）的形式的反思而来的一种愉快的感受性，不仅表明了客体在主体身上按照自然概念在与反思性的判断力的关系中的合目的

---

① ［德］康德：《判断力批判》（注释本），李秋零译注，中国人民大学出版社2011年版，第22页。
② ［德］康德：《判断力批判》（注释本），李秋零译注，中国人民大学出版社2011年版，第22页。

性，而且也反过来表明了主体就对象而言按照对象的形式乃至无形式根据自由概念的合目的性。"① 在主观合目的性这种相互适应的关系中，把表象与美感联系起来的是判断力，是鉴赏判断过程。鉴赏判断因而不是知性的逻辑判断，而是埃斯特惕卡的内隐判断。

在埃斯特惕卡的即内隐的认知方式下，由于审美认知模块中的意义中枢处于无意识状态，就使得形式知觉中枢与情感中枢可以在显意识中直接相关联，在人的主观感受中，就好像是事物的形式直接地引发了美感。出于这种错觉，本体论美学总是以为，事物形式直接引发美感的这种情形说明，在美的事物中存有美，美是在人的主观意识之外客观地存在的。在脑科学充分发展之前，的确不容易清楚而准确地认识到这一过程及其内在的机理。其实，康德已经天才地看到了这种关系，说："鉴赏判断就愉悦（作为美）而言规定自己的对象，要求每个人都赞同，就好像它是客观的似的。"② 它只是"好像"是客观的，其实不是客观的。事物形式中不可能存有本体性的"美"或"美本身"。引发美感的对象物并非本来就是美的，而只是由于美感的形成而被称为美的。"鉴赏是通过不带任何兴趣的愉悦或者不悦而对一个对象或者一个表象方式作评判的能力。这样一种愉悦的对象就叫做美的。"③

康德很明白地表示，"因为鉴赏判断恰好就在于，它只是按照这样一种性状才把一件事物称为美的，在这种性状中，该事物以我们接受它

---

① ［德］康德：《判断力批判》（注释本），李秋零译注，中国人民大学出版社2011年版，第24页。
② ［德］康德：《判断力批判》（注释本），李秋零译注，中国人民大学出版社2011年版，第107页。
③ ［德］康德：《判断力批判》（注释本），李秋零译注，中国人民大学出版社2011年版，第40页。

的方式为准"①。接受方式就是认知方式。在不同的认知方式之下，可形成不同的主客体关系，使客体对象具有不同的意义。当人以内隐的审美认知方式去接受对象时，对象就显现出审美的意义，成为审美对象。审美认知方式就是将物体形式与美感直接相连的沟通方式，相当于康德的鉴赏判断。

由于在大脑中形成的审美认知活动暨鉴赏判断是审美关系、审美主客体的决定性因素，所以康德说："人们把它理解为这样的东西，它的规定根据只能是主观的。"② 所谓主观的，即发生在主体头脑中的。是头脑中的认知模块决定了鉴赏判断的性能，构成了鉴赏判断的根据。

主观合目的性及表象的埃斯特惕卡内隐性状，都是在主体神经系统内部获得的，因此康德说它是"客体的表象上纯然主观的东西"，意即主观合目的性及内隐表象都只是相对于审美认知及认知模块才有意义，才能存在。

鉴赏判断即审美认知是主体凭借认知模块与对象的表象相配对的过程，是大脑自动进行的，不是主动的、有意识的活动，因此没有知性、理性及逻辑和概念的制约。这就显得好像是主观的一种自由状态的、游戏性的活动。"被这个表象发动起来的认识能力，在这里处于一种自由的游戏中，因为没有任何确定的概念把它们限制在一个特殊的认识规则上。"③ 此时，同知性概念及理性相关的意义中枢虽然不在显意识中存

---

① ［德］康德：《判断力批判》（注释本），李秋零译注，中国人民大学出版社2011年版，第108页。
② ［德］康德：《判断力批判》（注释本），李秋零译注，中国人民大学出版社2011年版，第33页。
③ ［德］康德：《判断力批判》（注释本），李秋零译注，中国人民大学出版社2011年版，第46页。

在，却仍在潜意识（或称无意识）中存在，因此是若隐若现、若有若无的。康德以为，知性和理性的这种若有若无现象，表明知性既可参与到鉴赏判断中来又不能过多地参与，因此应该是有一定比例的参与。"诸认识能力的这种相称根据被给予的客体的不同而有不同的比例。但尽管如此却必须有一个比例。"[①] 这一表述的潜台词是，在鉴赏判断中，知性的比例要小一些；在逻辑判断中，知性的比例要大一些。

由于内隐性的特点，表象的埃斯特惕卡性状和主体的认知模块在现实审美关系结成之前显现不出来，只有当美感形成之时才能显现出来。美感具有显影剂的作用。"鉴于这种情感，对象的表象被评判为主观合目的的。"[②] 在日常认知活动中，如果人对某一事物或形式产生美感了，就表明埃斯特惕卡内隐判断被激活了，处于审美的认知方式之中。同时表明，这个事物或形式的表象在内隐层级上与主体结有肯定性的认知模块关系。在认知模块关系中，事物形式具有相对于主体认知模块的适应性，建立起认知模块的主体也具有相对于事物形式的适应性。只要主客体之间具有认知模块关系，审美认知方式就能将二者结成审美关系。所以，凡是同肯定性认知模块相匹配的表象，都必然地能引发美感，也必然地可以被看成美的。康德说："无须概念而被认识为一种必然的愉悦之对象的东西，就是美的。"[③] 必然性只存在于认知模块关系中。即，只有在认知模块关系之中，具有主观合目的性表象的对象物才必然地被

[①] ［德］康德：《判断力批判》（注释本），李秋零译注，中国人民大学出版社2011年版，第67页。

[②] ［德］康德：《判断力批判》（注释本），李秋零译注，中国人民大学出版社2011年版，第95页。

[③] ［德］康德：《判断力批判》（注释本），李秋零译注，中国人民大学出版社2011年版，第69页。

看作美的。

由于认知模块关系是事先建立起来的，所以具有先验性。先验性不是先天性，其含义应是"在先的经验"。康德以为，所有具有先验性的东西都具有普遍性，因此，鉴赏判断具有普遍的一致性。但他不知道，认知模块的形成是因人而异的。审美及美的事物可以有一定的普遍性，但没有绝对的普遍性。

康德对审美活动中埃斯特惕卡现象和作用的观察深刻而准确，唯一的局限是不知道内隐认知以及认知模块的存在。知晓了埃斯特惕卡的内隐感性学的本义，才可能了解康德美学乃至哲学阐述的实际意义。当代美学的科学体系需要在继承康德美学思想的基础上进行建构。

康德在200多年前就能对内隐认知做出深刻而细致的揭示，已经非常超前了。可惜，康德这些极为富有价值的思想被淹没在晦涩难懂的讲述中，以至后来的美学研究一直没能切实理解康德，也没能再在内隐认知的路径上行进。只是在现代脑科学充分发展的条件下，在认知神经美学的视域下，审美中内隐认知及认知模块的存在和作用才非常清楚地显现出来。

依据认知模块论的科学性，按照康德美学阐述的细致深刻，不难回答诸如"审美何以可能"之类的问题。审美的可能性建立在人类新型的审美认知方式上。当相对于特定事物及其形式的肯定性认知模块形成之时，事物及其形式同主体愉悦感之间的关系就建立起来了。在这一前提条件下，当主体处于无利害性状态时，再知觉到与既有认知模块相匹配的事物及其形式，就会很自然地形成直觉性的美感。但审美活动中认知模块自动性、内隐性、先验性的这些特点，使人觉察不到认知模块的存在和作用，也不了解感官认知关系之下的内隐认知关系。在这种情况下，人们只看到感官一知觉到某一事物及其外形就形成美感，所以以为美感的形成只同事物及其外形相关，或者只同感官知觉相关，想不到感官认知与内隐认知的关联。这就好比，当电源与电灯泡之间的线路已经连接好了之后，只要用手按下开关，电灯泡就会亮起。从外在可见的因果关系上看，是手按开关的动作同灯泡的亮起直接相关。但手与灯泡之间的因果关系并不是决定性的，真正具有决定性意义的是线路的事先连接。

4. 认知模块的类化性

人们日常审美中常见的一个现象是，第一次看见某一物体就会觉得很美。例如第一次见到一种羽毛色彩绚丽的鸟，第一见到黄山云雾缥缈的风景，都会使人形成强烈的美感。这种情形也容易使人产生一种感觉，认为是这些物体中存有客观的美。但其实，这种感觉仍然是一种错觉，这种情况下所形成的审美，仍然是认知模块的作用所使然。

自然界的事物往往是成种类的。一种种具体的花朵合成花朵类，一座座个别的山峰形成山峰类，如此等等。与此相对应，在人的认知结构中也可形成知觉模式类，进而形成认知模块类。认知模块是建构出的、动态发展的，因此有一定的弹性，有一定的容纳宽度；凡是处于这个容纳宽度内的事物形式都可与认知模块构成契合一致的关系。认知模块类就具有很强的包容性，凡是类似的事物及其外形都可被容纳进来，并据此形成审美反应。这就类似于物理世界中引力作用的规律，质量重的事物对质量轻的事物有吸引力。认知模块类大于个别的认知模块，就好像认知模块类的质量重于个别的认知模块，因此可以吸引或涵盖个别的认知模块。如果第一次见到的物体是某一认知模块类中的物体，则很自然地就会调动认知模块类的神经网络产生反应，形成审美活动。

所以，当我们第一次去到黄山就感到黄山很美丽时，正是由于此前已经建立起有关山峰的形式知觉模式及肯定性认知模块。按一般经验规律来说，此前没有见到黄山的知觉经验，因此不可能形成关于黄山的知觉模式及认知模块。但是，人在第一次见到黄山之前肯定见过别的山，见过树木、花草、云雾，并且形成了相关的知觉模式。黄山的样式同这些已经建立起来的知觉模式相类似，就可以被类化进来，激发出类似的情感。

虽然一般来说，凡是于人有利的事物都可以被审美，凡是于人有害的事物都不能被审美，但实际生活中确实有一些事物虽然于人有利却不美，或者虽然于人有害却可以很美。这也是由于认知模块类化性的缘故。例如，一般的植物都是于人有利的，都以开花为突出而明显的外部表现形式。在植物有利性的中介作用下，植物的花朵为人所喜爱，并且在人的知觉结构中刻画出与肯定性情感相连接的花朵认知模块。许许多多的植物合在一起就形成了花朵类；人对花朵类的知觉相应地形成了花朵认知模块类。罂粟花是花朵类中的一个。罂粟花可以是制作毒品的原材料，似乎是有害的东西。但对于大多数人来说，罂粟花的有害性仅只是理论上的、概念上的。与此相比，罂粟花的外形与花朵认知模块类的一致性反倒更为明显而突出。于是，在罂粟花的有害性不被人所关注的条件下，罂粟花的外形被类化进于人有利的花朵认知模块类中，因而可以被人所欣赏，成为美的。农用粪肥就其自身而言是于人有利的，但粪便作为种类性的事物，在人们的日常生活中是肮脏的、有害的、令人厌恶的，由此形成的认知模块类同恶感相关联。因而，本来于人有利的粪肥被类化到否定性的认知模块类之中，不能被审美。类似的，癞蛤蟆也是于人有利的，但癞蛤蟆的外形酷似人身上的癞疮；人对癞疮的厌恶感是非常强烈的,凡是癞疮状的外形都是不好的。于是,癞蛤蟆也被类化到否定性的形式知觉模式中,虽然于人有利,但不能被审美。

对认知模块类的形成,还可以从心理学的角度加以认识。根据格式塔心理学的理论,人的知觉是一个"完形",具有整体性。人可以凭借在经验中形成的对某类事物的整体性知觉模式而对感觉中的数据进行"自上而下"的加工。这时,可以填补感觉数据的不足,形成理解性的认知。

认知模块及形式知觉模式类的现象并没有改变事物利害性内质对形式知觉模式性质的决定作用。形式知觉模式与事物利害性之间的关系可以称之为纵向的联系;形式知觉模式的类化关系可以称之为由形式到形式的横向联系。纵向联系是更为根本的、具有决定性作用的。只有当纵向联系不紧密、不明显、不强烈时,事物外形才可以被横向地类化进具有相反利害价值的知觉模式之中。一旦事物本来的利害价值突出而强烈,纵向联系将显现出来,事物外形的价值和意义将与自身的利害性质相一致,不能被利害价值相反的知觉模式所类化。假设:某个人被罂粟花害得家破人亡,明显地感觉到罂粟花的有害性,罂粟花的外形将同有害性建立起纵向联系。在这个人眼中,罂粟花就不能是美的。如果人对粪便的不利性感觉淡漠,就不会在其不利性与其外形之间建立起纵向联系,不会对粪便的外形产生厌恶感。前些年一些地方曾出现有"厕所餐厅"或"便便餐厅",盛装食品的器皿都是大便器、小便器的形状,蛋糕、面包、冰激凌等食品被做成大便的样态,饮料被做成尿液的样态。[1] 前往就餐的顾客不论出于什么目的,有一点是必要的,即对这里

---

[1] "便便满屋胃口大开 北京首家卫浴主题餐厅",华夏经纬网 2010 - 02 - 22,http://www.huaxia.com/ly/ssdd/dl/2010/02/1762830.html。

大小便的形象没有厌恶感,而且似乎也不产生对生活中真实大小便的联想。

5. 美感的特性——与利害性快感的区别

审美活动的特殊性质来自美感体验的特有感受。康德说:"判断之所以叫作审美的,也正是因为它的规定根据不是概念,而是诸般心灵能力的游戏中那种一致性的(内部感官的)情感,只要那种一致性被感觉到。"① 这里所说的"内部感官的情感",就是美感。因为有了美感,鉴赏判断才被称为审美的。那么,美感的特殊性质从何而来?怎样认识快感和美感的根本区别呢?

目前,人们只能通过体验来表达快感和美感的不同。即,虽然人们都缺少可靠的根据,都说不出快感和美感究竟怎样不同,但都可以凭借经验而体验到快感和美感的不同。对情感体验性质的觉知,是人类意识的基本功能。"意识具有定性的感觉,例如喝茶的感觉与听音乐的感觉是非常不同的。"② 不过,仅凭经验的说明毕竟是远远不够的,科学化的美学研究应该有确切可靠根据。我们可以根据经验和认知神经科学的成果做出一个假想:快感和美感的根本区别即在于机体内部的情感体验是否同利害性感觉中枢相连接。虽然,人们目前还说不出利害性中枢的准确部位,也没能从解剖学角度发现利害中枢同快感的神经联系,但是相关的研究可以间接地指向这一点,值得我们在这一方向上做出探索。

人对事物的认知主要有两种途径:一是对外在形式的知觉,一是对

---

① [德]康德:《判断力批判》(注释本),李秋零译注,中国人民大学出版社 2011 年版,第 58 页。
② 程邦胜、唐孝威:《意识问题的研究与展望》,《自然科学进展》2004 年第 3 期,第 242 页。

利害价值的内在感觉。利害性内在感觉决定了事物与情感之间的关系；附属于利害价值的事物形式可以随之建立起同情感之间的关系。当人处于利害状态中时，事物是以利害价值为核心融合着外在形式一并引发情感反应的，这时的情感反应是利害性的。例如在极度饥饿时面对一块面包，不论是看在眼里还是吃到肚里，情感反应都是利害性的。尽管如此，形式知觉和利害性内在感觉毕竟是相对独立的两个神经中枢，有不同的神经通道，形成两种不同的认知方式。由利害性认知方式所引发的情感有自己的生成途径和神经联系模式；由形式知觉式的认知方式所引发的情感也有自己的生成途径和神经联系模式。很可能，正是情感的生成途径和神经联系模式的特殊性造成情感体验的不同。

对情感的神经科学方面的研究可使我们形成一个大概的印象或推测：机体内部的每一种状态都向评估控制系统发放带有特定色彩的信息，引发具有特定色彩的情感体验。有什么样的机体状态和感受，就会有什么样的情感体验；有多少种机体状态和感受，就会有多少种情感体验。一般来说，人的基本情绪有快乐、痛苦、悲伤、愤怒、恐惧等几种，其形成受到不同场合、环境和态度的影响，来自不同的机体状态。被机体状态所决定，人的情感有时是单一的，有时是复杂的。在基本情绪基础上，可以形成复合型的情感。复杂的情感体验同复杂的对外在环境的认识相关，也同复杂的对内在机体状态的感觉相关。生活中的现象显现出来的一个重要事实是："情绪经验是不同情感的组合模式，因而往往是非常复杂的。我们常常会经验到一种无法描述的情绪状态，它的因素非常复杂，以致我们不可能说它究竟是一种什么样的情绪经验。"[1]

---

[1] [美]克雷奇等：《心理学纲要》下册，周先庚等译，北京：文化教育出版社1981年版，第396页。

复杂情绪之所以复杂，是因为引发情绪的通道或神经模式比较多，每一个通道或神经模式都有自己的色彩，多色彩交融在一起就形成带有复杂色彩的复杂情感。这种情形对我们的启示是：很有可能，受到观念和意识调控的利害性感觉中枢能够根据认识的状况而发出种种神经信号，调节皮层中的神经活动，引起相应的行为和体验。心理学家卡西奥泊（Cacioppo）认为：

> 一个刺激可以引起一个基本评价，这一评价的结果就决定了个体是趋近还是回避，同时也会导致个体产生生理上的变化。虽然在最初的评价中躯体内脏反应并不一定发生，但却会随着从情绪特异性的激活到无差别的激活这一连续体上激活状态的不同而发生变化。同时这种变化会与来自躯体内脏的感觉输入一起并行传入脑内。而成年人则可以对这些躯体内脏的变化信息进行进一步的加工。最终就导致了特异性的情绪体验。①

心理学研究对尴尬、羞愧和内疚这几种情感进行了比对，发现三者之间有很大程度的重叠。在一项研究中，研究者要求被试阅读各类句子，同时用FMRI（脑功能磁共振成像技术）观察他们的脑部活动。其中，一个区组的句子都是与尴尬的体验有关的（例如，"我的着装在这个场合中不得体"）；另一个区组的句子描述的是内疚的体验（例如"我离开饭店时没给钱"）；还有一组描述的则是非情绪性事件。结果显

---

① ［新西兰］斯托曼（Strongman, K. T.）：《情绪心理学：从日常生活到理论》第五版，王力译，北京：中国轻工业出版社2006年版，第59页。

示，尴尬的句子所激活的脑区几乎与内疚的句子所激活的脑区相同。①

这个实验或许表明，人的每一种认识、行为都有特定的神经活动模式；传送到评估控制系统引起情感反应时也会有不同的模式，从而引起色彩各不相同的体验。由此推想，利害性生存中枢和形式知觉中枢都有自己独特的传输通道和神经模式，发放具有自己色彩的信息，引发不同色彩的感受和体验。人在与事物构成认知关系时，既能知觉到事物的形式因素，又能意识到事物的利害价值。事物的形式因素和利害性因素各以自己的通道对评估控制系统和大脑皮层形成刺激。通道的模式不同，表现的色彩就不同，感觉和体验也应有所不同。在利害性状态下，生存利害性居于优势地位，利害性色彩成为主色彩，而且非常浓重，其他色彩都被覆盖，被遮蔽，人只能体验到利害性情感。当人没有利害性需求时，机体处于无利害状态之中；这时，利害性的主色彩不复存在，形式知觉通道及其模式的色彩才能得以彰显，使人形成美感体验。再打个比方，由形式知觉带来的情感体验相当于月光，由利害需求带来的情感体验相当于阳光。当日月同辉时，人们感觉不到月光，只能感觉到阳光；只有当阳光不在的时候才能感觉到月光。

以这些科学实验为间接的根据，可以想见，是人的机体和意识的状态决定着审美状态能否形成。这就顺便解答了西方美学界审美经验理论所没能解决的"审美注意由何而来"的问题——当人没有即刻需要满足的利害需求，也没有明显、强烈的利害意识和愿望时，就处于非利害性状态，没有利害性的注意；人在这种状态下，随时可以进行形式认知活动，即形成审美活动和非利害性的愉悦感。因此，这种状态相当于审

---

① ［美］卡莱特（Kalat. J. W.）等：《情绪》，周仁来等译，北京：中国轻工业出版社2009年版，第231-232页。

美的待机状态。所谓审美态度、审美注意，实际上就是非利害状态时的态度和注意。它不是由客观的美的因素刺激出来的，而是依据环境和人的状态所自然而然地形成的。审美的待机状态相当于人们所熟悉的"心理距离"。"心理距离说"得到了普遍的赞同，但"心理距离"是怎样形成的一直缺少科学的阐释。在认知神经美学看来，机体的非利害状态就是"心理距离"得以形成的决定性条件。

审美发生不是"美"的发生，而是美感的发生。美感发生不是凭空而来，也不是由对"美"的感觉或反应而来；美感是在智能水平和认知方式发生变化的前提下，由内在体验性质的改变而形成，是从利害性愉悦感中脱胎而来。这一过程不能被理解为"美是主观的"，或者被理解为"美是美感"。人的主观感觉只能决定一般的事物美还是不美（此时的"美"字是形容词），但绝不能造就出叫作"美"的事物（此时的"美"字是名词）。

可见，审美的发生与人类的实践本质或自由本质没有直接的关联；审美是人类智能进化到一定阶段的产物，以智能中完全抽象思维能力的形成为决定性的前提条件。因此，审美发生的历史起点要从实践美学所说的动物与人类相区别之点大大地向后推移，设立在早期人类与现代人类相区别之点。人类只是在发展到现代人类阶段才具有了完全的抽象认知能力。完全认知能力以文字的形成为确切标志，距今大约有5000年至6000年的时间。既然文字的形成也要以完全抽象认知能力为前提，则完全抽象认知能力必定形成于文字形成之前。这样来推算，审美应该形成于无审美的早期艺术之后、文字形成之前，即大概形成于距今7000年至10000年之间。

三、人类机体生命结构的审美需要

我国当代美学界曾提出过"人何以需要审美"的问题，并且称之为美学的终极问题。即以为，审美需要是审美活动的终极原因，一切审美活动都应该建立在审美需要之上。如果是这样，则审美发生首先应该是审美需要的发生。而我们所进行的科学化的审美发生研究表明：在人类获得审美能力之前，不存在审美需要；审美发生之后才能产生审美需要；然后再围绕着审美需要形成多种多样的审美活动及审美生活。因此，是先有审美发生而后有审美需要，不能是审美需要在前而审美发生在后。那么，为什么审美发生一定会造成审美需要呢？审美需要是怎样的一种需要？对这一问题的回答也要有科学的根据。

1. 审美需要与愉悦感

人类的所有进化都秉承着有利性的原则。虽说审美活动的发生是人类进化中的副产品，但也一定要于人的进化有利才能成为基本需要。人的一般快感的产生，首先源自利害性需求的满足，即机体由生理的不平衡状态达到了平衡状态；在生理性需求基础上阶次形成了社会性和精神性的利害需求。审美快感不是对于利害性需求的满足，不涉及具体的生理器官，因此似乎是一种与生理性、生存性无关的、仅由知觉系统形成认知过程的情感反应活动。但是，不与生理器官相关联，不等于没有身体的自然基础。心理学研究的动机理论中有一种生物学观点，认为：

> 动机的真正根本的东西，是推动有机体行动的简单的生物的内驱力。这些内驱力与食物、水、氧气、避免痛的刺激等等的生理需要是密切相关的。大概这些先天的内驱力是通过自然

选择而进化的,因此成为有机体生存所必需的机能。

这种分析假定,在人类的无数动机中,几乎任何一种动机都依赖于少数生物学需要的一种或几种。①

虽然这一阐述主要是针对人的机体动机而言的,但对于审美需要的研究也具有重要的启发意义——它提出了一项原则:生命体的一切动机和需要都要有生物学的根据。

吃喝等生理性需要明显地同生命的生物代谢过程相关联,可以直接地带给人以快感;还有些活动虽然不直接同生命活动相关联,但仍然同生命活动密切相关。例如,我们都知道"生命在于运动"这句话;生命体的适宜的活动是必要的、有利的;体育运动不直接地关涉生命的存亡,却可以对生命的维持和发展具有积极的作用,因此能使人产生愉悦的情绪。其生物学的根据是:

> 跑步或任何有氧运动——例如游泳、骑车、散步、划船和滑雪——刺激了某些化学物质的释放。例如,内啡肽释放将会高出平常水平4.5倍(Davis,1973;Howley,1976)。内啡肽水平的增加与振奋和欣快有关,而低水平的内啡肽与抑郁有关(Buck,1999),所以人们似乎可以通过跑步来体验这种与此相关的化学物质的增加。
>
> 有证据表明,人们确实用跑步来应付许多消极的心理状态。因此,似乎很清楚,跑步可以是一种高度奖赏性的活动,

---

① [美]克雷奇等:《心理学纲要》下册,周先庚等译,北京:文化教育出版社1981年版,第367-369页。

因为它能减轻消极的情绪状态，产生积极情绪状态。正是这样，跑步可以被看成是一种习得的行为，它的根源在于大量的有力的生物奖赏机制。①

同生存需要相关的活动都是以生命的代谢过程为生物学根据的。审美是一种非生存性活动，但既然是人的一种基本需要，一定同生命活动相关联，因此应该具有一定的生物学根据。

考虑一下生活中审美需要的形成和表现，我们或许有这样的经验：在睡足了、吃饱了，没有任何实用利害性需求时，如果无所事事，就会觉得无聊、郁闷，必须要找点事做。如果我们从事自己喜爱的工作，会感到精神振奋而形成愉悦体验。如果是劳累了一天但还不到需要睡觉的程度，往往是既没有体力进行体育活动，又没有脑力进行费神的游戏。此时，娱乐、审美常常是最简单、最便捷的选择；人们可以在娱乐、审美活动中感到精神振奋，形成愉悦感。由此观之，精神振奋似乎也是愉悦感的一个来源或根由。那么，精神振奋又是从何而来呢？

2. 审美需要的生物学基础

人类生命体的一切活动都与神经系统相联系；人的神经系统是人类机体的一种生物性构成，对人的各种感觉包括快感起着支撑作用。生理器官的活动需要通过神经系统加以调节，其平衡或不平衡的状态也可以通过神经系统而被机体所觉察。生理系统的工作或功能对神经系统而言是具体的活动方式，具有特异性的功能。如果遮蔽与生理器官相联系的具体方式而仅保留神经活动的一般性，那就是非特异性的、一般的神经

---

① ［美］弗兰肯（Pranken, R. F.）：《人类动机》，郭本禹等译，西安：陕西师范大学出版社2005年版，第50-51页。

系统自身的活动。

鲁利亚（A. P. Luriya，1902—1977）对大脑整体结构和功能的研究发现，大脑可以区分出三个基本的机能联合区，任何一种心理活动的实现都必须要有它们的参与。即：

> （1）保证调节紧张或觉醒状态的联合区；（2）接受、加工和保存来自外部世界的信息的联合区；（3）制定程序、调节和控制心理活动的联合区。①

对审美需要的研究来说，尤其要关注第一个联合区，即保证调节紧张或觉醒状态的联合区。鲁利亚指出：早在1949年就有研究者发现，在大脑的脑干部位有一种特殊的神经组织，其形态结构和机能特性都适于实现调节脑皮质状态的机制的作用，也就是说能够改变脑皮质的紧张度和保证它的觉醒状态。这一组织是按神经网的类型构成的，被神经科学界普遍地称为网状结构。众多彼此结合起来的神经细胞体散布在这个神经网中。沿着网状结构的网络，神经元的兴奋不是以个别的、孤立的冲动扩散着，而是分等级地，即逐渐地改变着自己的兴奋水平，并且通过轴突分支来调节各神经回路，从而调节整个神经系统的基本状态。相关研究证明，刺激网状结构能引起觉醒反应，提高兴奋性，增强感受性，从而给予大脑皮质以一般的激活性影响。②

---

① ［苏］A. P. 鲁利亚：《神经心理学原理》，汪青等译，赵璧如校，北京：科学出版社1983年版，第82页。
② ［苏］A. P. 鲁利亚：《神经心理学原理》，汪青等译，赵璧如校，北京：科学出版社1983年版，第84-87页。

第三章 审美发生——审美生命结构的形成与特性

鲁利亚的研究表明，对网状结构的激活，主要有这样几个来源。第一个来源是有机体的代谢过程，即内环境维持和基本生存需求引起的冲动。如，缺氧、饥饿等，可在下丘脑等处产生反应，引起神经冲动使延髓和中脑网状结构受到激活。第二个来源是对外部世界的感觉，即外环境信息产生的神经冲动。科学发现，各种感觉传入纤维均有侧支到达网状结构，表明每一个感觉都可引起网状结构的激活。这一来源虽然不如第一来源那样重要，也为人的机体所必需。人生活在信息的世界中，他对信息的需要，有时并不亚于对机体的物质代谢的需要。而且，在网状结构器官中具有保障激活作用的紧张度形式的一些专门机制，这些专门机制的来源主要是感觉器官的兴奋流，这一来源所具有的强度并不弱于激活作用的第一个来源。人生活在经常变化着的环境条件中，要求紧张的觉醒状态。在周围环境中的一切变化，任何事件（既包括偶然事件，也包括期待着的事件）的出现都伴随着觉醒状态的紧张化。有机体的这种动员是激活作用的特殊形式的基础。此外，脑的高级部位，包括产生意念、计划的部位，当它们处于兴奋状态时，也可通过下行纤维，使网状结构兴奋，保持整个神经系统的觉醒状态。①

整个神经系统的觉醒状态是正常意识和感觉的保障。"神经系统总是处于一定的活动状态中，某种紧张度的存在对任何生命活动的表现来说都是必须的。"② 20世纪初脑电图的发明使得人们发现，一个有机体在十分安静的状态下，并不注意任何刺激的时候，能够记录出清晰的、

---

① ［苏］A. P. 鲁利亚：《神经心理学原理》，汪青等译，赵壁如校，北京：科学出版社1983年版，第90－92页；黄秉宪：《脑的高级功能与神经网络》，北京：科学出版社2000年版，第60－61页。
② ［苏］A. P. 鲁利亚：《神经心理学原理》，汪青等译，赵壁如校，北京：科学出版社1983年版，第90页。

155

有节律的脑电图，呈现为每秒8~12次的节律波，被称为α波。这些事实表现了一个基本的、普遍的生物学现象：所有有生命的东西都表现出周期性的、有节律的活动。说明，在人的神经组织中也存在着自发的神经元活动；"在一个静止的个体中，神经细胞不是消极的和不活动的，在每一个神经细胞中产生自发扩散的神经冲动……"① 神经细胞的这种自主活动现象，应该是一种生物性的本能。

凡是自主活动的物体，都会需要刺激；刺激可以更强烈、更持久地使它产生振动。人类神经系统的适宜的振动相当于神经生物组织有利于自身的活动或运动，自然会使人的机体产生愉悦感觉。

根据我们在实际生活中的感受，情绪的愉悦感受不是表现在身体的某一特定部位，而是表现于身体的整体状态，发自身体的内部。情绪愉悦感的体验是整体性的，而情绪愉悦感的发动则可以通过身体局部的活动来实现，例如跑步、打球、下棋、写书法、聊天、养花等；审美也是这样的一个局部性的刺激源。这类与生存需求并无关联的事情之所以会使人产生快感，其原因大概就在于它引发了神经系统的振动，使神经系统由低迷状态转入活跃的兴奋状态。这种振动状态应该是神经系统的本能的生物性需求。如果完全没有各类特异性活动对网状结构这类神经系统的刺激，神经系统就无法实现适宜的生物性振动，从而在人体身上造成不舒适感。著名的"感觉剥夺"实验表明：

> 人们对低水平的刺激感到不适。赫布和他的学生在麦克吉尔大学首次对感觉剥夺进行系统的研究（Bexton, Heron &.

---

① 克雷奇等：《心理学纲要》（上册），周先庚等译，北京：文化教育出版社1980年版，第94-95页。

Scott, 1954)。赫布的助手赫伦（1957）在一项研究中，给男性大学生一笔丰厚的酬金，请他们在床上躺尽可能长的时间。为了限制接触视觉刺激，研究者给学生带上半透明的护目镜。为了控制听觉刺激，研究者让学生头枕橡皮枕，旁边放有稳定地嗡嗡响的空调。为了减少触觉刺激，研究者还给学生带上棉手套、前臂套上薄纸板做的袖子，因为手指是丰富的刺激来源，可以通过擦和揉来刺激身体。

大约一天后，被试开始出现感觉剥夺的效应。被试表现出思维混乱。很多人指出他们完全处于走神状态。当他们真正地进行思考时，无法长时间集中注意。48小时之后，大多数被试发现自己甚至不能做最基本的数学运算（$1+2+3+6=?$）。

很多被试发现，他们开始看到幻象，几乎所有人都报告自己在觉醒状态下出现梦或幻象。幻觉是常见的现象，类似药物所产生的幻觉。大多数被试都竭力通过思考某件事或进行某项活动来维持自己，但很多人发现难以集中注意力。大多数被试都愿意参加通常无法引起他们兴趣的活动，例如，去看股票市场报告。

所有的被试都感到非常的不适，尽管实验的每一天他们都会得到一笔可观的酬金，但大多数人还是在第二天或第三天就离开了。[1]

与此相类似，人在退休之后如果无事可做，往往加速衰老。从这一意义上说，审美对人类生存能起到积极的作用，是非常符合自然规律

---

[1] ［美］弗兰肯（Pranken, R. F.）：《人类动机》，郭本禹等译，西安：陕西师范大学出版社2005年版，第112-113页。

的。当神经系统需要活跃地振动而又没能实现时，同样是处于不平衡状态，可以促使人产生活跃振动的欲望或动机；一当活跃振动得以实现，就会由不平衡状态转入平衡状态，于是产生快感。

除神经系统适宜振动的需要外，欣快感的回忆也可能是审美需要的一个原因。如果我们曾经有过强烈的审美体验，会在脑内形成强化了的记忆，促使人再次追求这种体验，形成审美需要。

审美活动除了单纯的形式与感官之间的对应关系外，还常常含有社会文化内容，与人的意识观念相联系，能形成广泛而深远的联想，调动相关的精神世界的活动。这一过程中，联想的内容可成为美感的社会文化性、精神性来源，其资源更为丰富和深远，可以引发神经系统更为广泛而强烈的振动，从而使人体验到更为强烈的美感。

3. 审美体验的高级性

有可能形成的一个问题是：审美需要的根由如果是出自生物性而不是出自精神性，还怎么显现出审美活动的高级性？生物性是一切生命体的基础。人类在生物性基础上逐级向上地具有生理性、心理性、精神性、观念性。审美活动的非利害性质来自与生理性的脱离。如果把审美需要的根据放在比生理性更低层次的生物性上，会不会否定审美活动的非利害性质呢？

其实，虽然在生命体的结构层次上人的生物性比生理性更低，但是要形成对于生物性活动的感觉，却需要更高的智能。一般情况下，生命个体的生存状态由生理性器官来掌管，生命个体只需按照生理器官的状态来调整行为就可以了。对人类之外的动物来说，仅只是满足生理性器官的需求就需要付出全部的努力，不需要也不可能觉察到生物性的状态。人类在形成完全的抽象思维能力之后，具有了更高的认知能力，包括对机体内部状态的内省体察。比如,心脏、呼吸等生理性功能本是自动工作的,一般无须意识的参与,人也很难随意地控制心率;但在有意识修炼的情况下,意识可以在一定程度上控制心率。科学实验证明了这一点:"我们能够逐渐直接地觉知我们的心率、呼吸以及肌肉的紧张度,但我们只能逐渐间接地觉知我们的其他生物过程。"① 这说明:人的意识过程可以分为初级智能和高级智能两个层次。在一般体验中,人们可以觉知自己身体的生理性过程、心理性过程;这在具备初级智能的条件下就可达成。对生物性过程所形成结果的体验是高级体验,必须在具备高级智能的条件下才可达成。因此,审美活动只能在人类发展出高级的、完全抽象思维能力之后才可以形成。

对现代人类来说,是可以觉知自身的生物过程的;觉知生物过程比觉知生理过程更加不容易。审美活动不是人的生理机能所必需,但对人体的生物性需求很有利,因此可以在更广泛的意义上对生理机能形成良性作用。在智能没有得到高度发展时,生理性的生存需要占据主导地位,人觉察不到生存需要之外的东西,只能形成利害性情感体验。智能高度发展,形成了完全的抽象认知能力之后,才能超越生理性等利害性感觉,对更深层次机体组织结构的状态有所感觉。审美的非利害性并不是绝对的没有物质方面的有利因素,而仅仅是相对于生理基础上的利害性而言。审美需要的生物学根据既说明了审美需要的自然属性,又说明了新型需要在发展过程中的高度性和发生时间的后在性。目前,审美需要是人类最新形成的基本需要。从可能性上讲,或许在多少万年之后,人类还能发展出高于审美需要的其他基本需要。

---

① [美] 弗兰肯 (Pranken, R. F.):《人类动机》,郭本禹等译,西安:陕西师范大学出版社2005年版,第35页。

第四章

认知模块的核心成分——形式知觉模式

人类审美活动的生命结构是认知模块及审美认知方式，认知模块的核心组成因素是形式知觉模式。

一、形式知觉模式在审美关系中的核心地位

认知模块中的意义中枢和情感中枢具有一般性、笼统性，基本上只有肯定性和否定性的区分。凡是于人有利的意义都引发肯定性情感，凡是于人有害的意义都引发否定性情感。认知活动中最大量、最丰富多彩的信息来自事物的外在表现形式。客体事物与主体认知模块的匹配关系主要由事物形式与形式知觉模式之间的匹配关系所决定。

在以往的美学研究中，人们在看待审美主客体关系时，曾经一般地、笼统地以为，主体是以知觉来对整个客体事物加以审美的。后来，认识有了一定程度的深入，认为主体审美知觉的对象物并不是整体的对象事物本身，而只是对象事物的外在形式。这是对审美客体的进一步细化，很有道理。但相应地，就应该在主体审美知觉方面也做进一步的细化，看看主体方面能够同事物外在形式结成对象性关系的机能及其结构是什么。不过，这一工作一直没能有效进行。现在，认知模块理论的提

第四章 认知模块的核心成分——形式知觉模式

出终于可以对主体审美知觉加以细化了。即,从一般现象上及整体上看,审美是人与事物之间的对象性关系,人们称之为"主客体相统一";从审美关系的实际构成来看,主客体相统一要具体表现为主体认知模块与客体事物外在形式之间的对应匹配关系。

在这种对应匹配关系中,知觉模式的作用最重要、最直接。只有同具体知觉模式相匹配的事物外形才能经由对知觉模式中枢的激活而进一步激活情感反应中枢。

所谓知觉模式,是在知觉到事物外形时,大脑相关神经系统存留下的相应痕迹,相当于事物外形通过知觉对脑内相关神经系统进行了特定样式的刻画。事物外形是什么样式,对知觉模式的刻画就是什么样式。审美时,人就是凭借着知觉模式同客体事物结成对应匹配关系的。只有同知觉模式相匹配的事物及形式才能引发美感,被视为美的。主体如果面对的是不与自己知觉模式相匹配的事物形式,就不能与之形成审美关系。如此,知觉模式就成为主体审美的标准,在日常语言中往往被说成"审美眼光"。

知觉模式的形成是大脑认知神经系统自动完成的。事物外在信息被人的感觉器官（例如视觉、听觉、触觉）接受后,会自发地启动一系列的神经活动,在大脑的认知系统中形成由一定神经细胞构成的神经表征。神经表征同刺激物的外形结构基本上是同型的。这种神经表征形成一定的神经组织结构,即成为同一定形式知觉相关的神经反应模式——知觉模式。人的生活环境中有多种多样的事物及其外形,大脑认知系统中就会相应地建构出多种多样的知觉模式。知觉模式机制的作用是节约大脑皮层资源,使得对物体的识别、反应更加迅速、准确。在我们经验中的感觉就是：凡是见过并且记住的物体,再次见到时,识别会更加容易。大脑对内部信息的管理遵循集约化原则，同类型的信息都集中保存在特定的脑区。许许多多可称之为知觉模式的神经细胞聚集在一起，就构成了知觉模式中枢。同具体知觉模式相匹配的事物如果是于人有利的，就会形成肯定性的意义领悟并引发肯定性的情感反应，由此构成肯定性的认知模块，成为审美认知方式的基础和前提。

由于肯定性知觉模式及认知模块的建立都是源自于人有利的事物，因此所有肯定性认知模块中的知觉模式都是自然地、本来地就已经同相应的对象事物建立起了对应关系。再言之，在审美关系中表现出来的审美主体与审美客体之间的对象性关系，是在审美关系结成之前的一般性关系中就已经建立起来的。人之所以能够对花朵形成审美，是因为在对花朵加以审美之前就已经建立起同花朵的一般利害性关系，已经建立起关于花朵的肯定性知觉模式及认知模块。由于花朵知觉模式及认知模块本来就是在花朵及其外形的作用下形成的，所以，以花朵认知模块为内核的审美本质力量可以自然而然地同花朵结成审美的对象性关系，对花朵进行审美。

知觉模式是自动形成的，不是人的有意识的行为，所以其过程不被人所觉察，其结果也不被人所自知。人在不知不觉中所形成的知觉模式究竟是什么样，只有在对象化的认知活动中才能通过对象事物显现出来。当人能对花朵进行审美时，就表明人脑中形成了同肯定性情感相关联的花朵知觉模式。同样的，当人能对某一文学作品或某一绘画作品、音乐作品形成审美时，就表明形成了相关的知觉模式。这时，引发美感的审美对象物就是内在知觉模块样式的现实显现。"随着对象性的现实在社会中对人来说到处成为人的本质力量的现实，成为人的现实，因而成为人自己的本质力量的现实，一切对象对他来说也就成为他自身的对象化，成为确证和实现他的个性的对象，成为他的对象，这就是说，对象成为他自身。"① 所谓"对象成为他自身"，是指对象成为主体自身本质力量的对象化显现，同时也是本质力量生命结构具体样式的显现。如果主体不对事物产生美感，就表明二者之间不具有知觉模式的匹配关系，也就不能结成审美的对象性关系。因此，"对于没有音乐感的耳朵来说，最美的音乐也毫无意义，不是对象……因为任何一个对象对我的意义（它只是对那个与它相适应的感觉来说才有意义）恰好都以我的感觉所及的程度为限"②。主体感觉所及的程度，就是知觉模式所可匹配的程度。人喜欢什么样的音乐作品，就表明他具有什么样的音乐知觉模式。如果不是在现实中切实地对这一作品感到喜好，甚至他自己也无从知道自己具有同这种音乐作品相匹配的知觉模式。

二、形式知觉模式的构成

人的感觉是对象世界的对应产物，在进化中、实践中形成并发展起来。审美知觉不是独立的知觉系统，而是一般知觉在审美活动中的表现；审美知觉的特定模式也是一般知觉模式在审美时的表现，构成一般所说的审美眼光或审美趣味。人的一般形式知觉模式不是神秘的，而是在对事物外形加以知觉的过程中形成的，以对象事物的客观存在为前提。我们必须树立发展的眼光，看到：形式知觉模式既具有先天的性质，又具有后天的性质，是本能与经验相结合的产物。

1. 形式知觉模式中由遗传而获得的先天性因素

每一种生物的生存活动都处在自然环境的影响之中。其生存方式、

---

① 《马克思恩格斯文集》第1卷，北京：人民出版社2009年版，第190－191页。
② 《马克思恩格斯文集》第1卷，北京：人民出版社2009年版，第191页。

机体组织结构都要适应外在环境。只要这一生物是可以生存下去的，必定具有与自然环境某些性质相适应的机体组织结构。反过来说，是外界环境的作用使其具有了相应的自然构成。在这种一般的自然规律之下，物理现象长期反复地作用于生物的知觉，可以将暂时神经联系逐步地演变为永久性神经联系，形成可以通过遗传而获得的先天性知觉模式。

中枢神经系统不仅保存与个体经验有关的信息，并且还保存在进化过程中祖先积累的信息。在长期进化过程中积累的信息构成出生时脑所具有的基本构筑和连接，以及先天具有的感觉和运动功能，这也就是所谓的种族记忆（phyletic memory，或称 memory of species），是长期进化过程中自然选择和适应能力的集中表现。相对于种族记忆来说，在个体生命过程中积累的信息的保存则称为个体记忆（individual memory）。①

一般动物的知觉中都存有与其生存方式密切相关的知觉模式。刚出生的小鸟一见到飞过的鸟影就把身体蜷缩起来，直到长大之后，一听到鹰的叫声就知道逃避，一看到鹰的外形甚至一感到迅速掠过地面的阴影就会产生恐惧而本能地躲藏。在蛙的世界里，蛙所需要知道的主要是有无天敌或猎物，它的视网膜因此变得仅对天敌或它能捕食的猎物投射的阴影敏感。② 蛙的习性是吃飞虫，知觉系统中形成有"虫子探测器"，只要见到飞虫样的东西，即具有小而略圆、发暗、活动等特征的东西，

---

① 徐科：《神经生物学纲要》，北京：科学出版社2000年版，第313页。
② [英] 苏珊-格林费尔德：《人脑之谜》，杨雄里等译，上海：上海科学技术出版社1998年版，第34页。

164

第四章 认知模块的核心成分——形式知觉模式

都用舌头卷到嘴里，对扔过去的小石粒也照卷不误；而对大的移动物体或小的静止物体则不理会。一只被刚死的苍蝇包围的青蛙可能被饿死，但如果苍蝇不动，青蛙就看不见它。[①]

对人类婴儿视觉偏爱的研究表明，婴儿对垂直对称和有一定弯曲度的形状（如牛眼图、圆形图案）有所偏爱；对人脸这种曲线型的社会性刺激则具有明显的视觉偏爱，偏爱程度超过牛眼图；而且即使是2~3个月的婴儿也更偏爱漂亮人脸的照片。这时的婴儿还没有生活经验，不能识别人的面孔。在其偏爱中起作用的，很可能是人脸照片所具有的物理属性，如对称性、曲线性、对比度等等。[②] 联想到在羊、猴的视知觉神经中已经存有"脸细胞"，表明婴儿具有某种先天的知觉模式。婴儿表现出的知觉模式应该是人的最基本的知觉模式构成，是人在长期的进化发展中形成的，是于人有关的事物外形长期作用于人的知觉的缘故，很可能来自人类长期知觉经验所造成的遗传。例如，在动物进化史中，很早就出现了脸形。每一种动物都会对自己的同类非常关注，同类的脸形对它具有重要的意义，相关的知觉一定印象深刻。经由长久的代代积累，终于形成了可以遗传的知觉神经结构。此类受生命活动的支配、在自然因素作用下形成的具有物理性质的知觉模式因素可称为先天的、生存性的。我们在审美中，一般都喜欢对称、稳定（上窄下宽）、曲线形的形状，应该是先天性知觉模式因素的表现。的确应该说，五官感觉的形成是迄今为止全部世界历史的产物。

[①] ［英］布莱克摩尔：《人的意识》，耿海燕、李齐等译校，中国轻工业出版社2008年版，第155页。
[②] 陈英和：《认知发展心理学》，杭州：浙江人民出版社1996年版，第120页。

2. 形式知觉模式中由经验而获得的后天性因素

人的知觉除先天因素外，更多、更重要的是在生活经验中形成的文化－社会性因素。人是社会的；社会越是发展，文化－社会因素对人知觉的影响也越大。随着社会的发展，各种特殊活动领域的分化形成，影响知觉模式的因素也越来越多，越来越复杂。后天形成的知觉模式因素又可分为两类，一类是由长期的、稳定的社会生活造成的一般文化性因素，另一类是由具体社会存在造成的特定社会性因素。

一般文化性因素多以习惯、风俗、信仰、文化价值观念等为表现，由最基本、最一般、最长时期的生活环境及民族、地域等特定的生活环境所造成，具有相当的普遍性和人类共通性，可以超越阶级、时代、国家等具体的社会因素。"广义地说，来自不同文化背景的观察者观看复杂的模式常常并不相同。"[1] 从风俗上看，汉民族以红色为喜庆的颜色，婚礼时的用具、衣着多用红色，如红衣、红盖头、红喜字、红灯笼等；而西方很多民族在举行婚礼时，新娘的婚纱多用白色。在现代的电影、电视普及之前，中国主要的文艺演出方式是戏剧，其主要剧种是京剧。中国儿童如果从小接触到京剧，会对京剧形成适宜性的知觉模式，构成文化欣赏习惯。西方的儿童从小接触西方歌剧，对西式唱腔形成适宜性的知觉模式。近几十年来，中国的文化、文艺发生了很大变化，电影、电视普及而京剧的市场份额在衰减，很多中国人在儿童时代也不接触京剧，就不形成相应的知觉模式了。

特定社会性因素有较明显的时代特征，与具体的社会价值及人的利害意识密切相关联。特别是在进入私有社会以后，人类开始分化，社会

---

[1] ［美］克雷奇等：《心理学纲要》下册，周先庚等译，北京：文化教育出版社1981年版，第147页。

存在的具体状态对人的生存具有重要的作用。同社会存在相关联的东西，包括对财富、地位的追求都伴有强烈的利害性；与生活最密切相关的政治、经济、道德等因素都可以给知觉模式的形成以极大的影响。以服装为例，新中国成立后我国先后兴起过中山装、列宁装、解放装、西装等样式。这些服装样式的时兴，都与时代特定的利害观密切相连。西装是在改革开放之后普遍兴起的。很多人认为，西方发达国家科技先进，财富巨大，产品高档。西方发达国家的有利性使得服装这种日常生活的外在表现很快地就在中国人的知觉结构中建立起相应的模式。更有甚者，改革开放初期，国内曾放映过一部美国科幻电影《大西洋底的来人》，剧中人物麦克戴着太阳镜，被称为"麦克镜"，引起很多青年人竞相模仿。当时，太阳镜主要是从海外进口的。有些青年人特意保留镜片上的商标，以炫耀自己的太阳镜是进口货。在他们看来，进口货意味着高档，意味着更多的有利性，因而更美。当进口货不再稀罕，人们的文化素质也得到提高之后，这种炫耀性表现就显得文化含量不高，肤浅可笑，失去了有利性，也失去了审美性。

3. 形式知觉模式中两类性质、三种因素的结构关系

人的现实的知觉模式形成金字塔结构：

```
       特定
      社会因素
    一般文化因素
   先天遗传因素
```

其中，先天遗传因素是整体知觉模式的基础，可能需要在几万乃至几十万年间形成，非常稳固而不易发生变化；一般文化因素常常显现出知觉模式的基本色调，可以在千年、百年中形成，也具有相当的稳定

性、普遍性；特定社会因素最为具体，最为明确，最为强烈，可以在几十年、几年、几个月中形成，最易发生变化。知觉模式可说是以先天遗传性为基础，以一般文化性为底色，以特定社会性为决定性内容，三者合而为一。

这三种因素在具体知觉过程中可以有多种组合方式，有时以先天性因素为主，有时以文化性因素或社会性因素为主。其组合的规律是，越是靠近塔尖的部位，作用越强烈而持续时间越短；当靠近塔尖的部位作用不重要、不显著时，其下层部位的作用才能显露出来；越是靠近塔底的部位，作用越是稳固而长久，但同时作用也越是单薄而微弱。也就是说，特定社会性因素居于最高处，最具有决定性作用，可以覆盖其下的层次因素。其余层次因素的作用依次类推。

在这一结构中，先天遗传因素同一般文化因素的界限有时比较模糊，常常被视为一体。因为二者似乎都具有普遍的人类共通性，往往被称之为"集体表象"（列维·布留尔）、"集体无意识"（荣格）等。这些表现被西方的文化理论认为是人类审美意识中属于潜意识或无意识层次的先天性构成，是通过遗传而获得的本能。我国美学界也有一些学派受到这种理论的影响，认为：人类意识中的深层文化结构是通过遗传在人类大脑无意识记忆中沉积、凝聚而成的；是人类集体在整个历史进化中通过生理遗传获得的。说：

> 应该承认，人们对外界物的感觉、接受，包括审美的感觉和接受，除了外界物的刺激以外，总是与心灵中的某种先验模式相关的。换句话说，人们总是按照某种先于经验的心灵模式去接受外物刺激的。这种先验模式就是所谓"原型"。它不是

某种精神实体（概念、范畴），而是某种原始的方式、模式或范型。它存在于人类的无意识记忆之中，是一种"记忆埋藏，一种印记或者记忆痕迹"（荣格）。正是这种记忆埋藏，通过世代的遗传，沉积、凝聚而成为人类审美结构中深层的潜意识文化结构。①

从理论和逻辑方面来说，凡是属于人类的文化性的东西，包括心理、观念、意识等都是由后天经验所造成，否则就不属于文化结构了。根据人类认知的一般规律，长期反复的经验可以形成永久性神经联系，从而可以遗传。因此，原先属于文化性的形式知觉因素在理论上是可能转化成可遗传的先天性因素的。不过，人类的某些具体文化性经验是否足够久远，其经验的重复是否足以形成可遗传的因素，尚需要研究，需要实验的证明。从对具体知觉现象的判定来说，某种知觉模式中哪些是先天性的，哪些是后天文化性的，也需辨析。例如，在艺术创作及一般知觉中表现出的对黄金比例的喜好，目前还难以准确地说它有多少先天的因素，有多少后天的因素。从知觉理论上讲，关于黄金比例的知觉模式一定是对生活经验中事物内含黄金比例的反映。自然界中，只有人体是明显具有黄金比例结构的。人体以腰为界，下半身与上半身之比大致呈现为8∶5，即称之为黄金比例。可以设想，人类在相当长的时期内都是以树叶、兽皮等蔽体的，下半身与上半身的界限非常明显。长久的、持续反复的知觉经验刻画出知觉的特定模式，即经由对人体的知觉形成了具有一般性的部分与部分、组块与组块之间的比例关系知觉。当

---

① 蒋培坤：《审美活动论纲》，北京：中国人民大学出版社1988年版，第85页。

人制作物品时，既有的知觉模式会自然地产生作用，使得人工制品易于符合这种比例关系。由于具有黄金比例的制品本来就是在既有知觉模式作用下形成的，当然易于引发知觉快感。现代社会中，人体以腰为界的形象显现虽然仍很多见，但已不像早期社会中那样明显而普遍了。代之而起的，是大量的人工制品特别是艺术品所显现的黄金比例。现代人类中的婴孩，出生后所见到的物品、图画，很多是符合黄金比例的，又可以成为其知觉模式得以形成的客观根据。因此，现今人们的黄金比例知觉，究竟是来自遗传还是来自后天的经验，还需经由科学实验来证明。

我们所说的文化心理结构，不是遗传的结果，而是在长期的文化环境中一点一滴形成的。它之所以被当作遗传的产物，是因为它具有相当的普遍性、共同性、基础性，人们觉察不到它的形成过程，以为它是生而有之的。

三、形式知觉模式的形成方式

从科学的角度说，审美的形式知觉模式是怎样建立的？统观人类的审美现象，可以发现一个具有普遍性的规则：能够成为审美对象的事物都是于人有利的；被人所喜爱的形状都是好的事物的外形。事物的美与不美在很大程度上取决于事物的有利还是有害，这一现象很早就被美学研究所发现。柏拉图在探究"美本身"时已经提到"有用""有益""善"等利害性因素。普列汉诺夫更清晰而明确地看到："人最初是从功利观点来观察事物和现象，只是后来才站到审美的观点上来看待它们。"[①] 但是，仅仅看到事物有利性与审美性之间有关联，还是远远不

[①] 普列汉诺夫：《论艺术（没有地址的信）》，北京：生活·读书·新知三联书店1974年版，第93页。

够的。审美活动的特征是对事物的形式加以知觉,以形式为直接的审美对象;审美不是对事物内质的利害价值加以掌握,不以利害价值为直接的审美对象。审美活动是非利害性的,与事物满足需要的利害价值没有直接的关联;但事物的利害性又的确同事物的能否被审美有直接的关联。对美学理论来讲,非常重要的目标是发现事物的有利性究竟怎样影响了审美活动。这种影响的一个重要方面是在形式知觉模式的建塑方式上。

审美知觉模式的形成机制与人的一般知觉模式和利害性情感的形成机制是一致的。例如,在生活中,蜜蜂是好的而苍蝇是不好的;表现在审美中,蜜蜂可以被审美而苍蝇不能被审美。仅从这两种昆虫的外形上看,没有什么本质的不同,人们甚至难以看清二者外形上的细致差别。决定二者美与不美的关键性因素在于:蜜蜂对人有利而苍蝇对人有害。说明,事物内在的有利性决定了事物外形可以具有审美性,事物形式的美与不美是以事物自身的有利性为基础的。这种有利性是形式知觉模式得以形成的一般条件。

从大脑的工作机制上看,可以说所有的形式知觉模式都是与特定事物的外形相对应的;事物有怎样的外形,大脑神经系统中就有怎样的形式知觉。这一过程相当于外在经验对大脑神经系统结构的刻画。相关科学实验证明,人类的某些具体的躯体感觉传入成分与感知之间存在必然的而不仅仅是偶然的关系。[1] 如果以特定方式进行的神经活动足够深刻,就会经由内化作用而在神经网络中形成具有特定方式的印痕,也就是被刻画成特定的知觉模式。

---

[1] [美] M. S. Gazzaniga 主编:《认知神经科学》,沈政等译,上海:上海教育出版社1998年版,第24页。

心理学研究有个"视觉限制实验"。将新生猫置于一种只有垂直条纹的圆筒中饲养,或戴上一副只画有垂直条纹的眼镜,长大后小猫的皮质细胞只对垂直刺激有反应。如果新生猫在水平条纹的环境中长大,则细胞只对水平刺激有反应。[1] 这就相当于把小猫视觉的形状知觉模式刻画成竖条状的或横条状的。

形式知觉中较深刻印痕的形成大致可有两种方式:一种是,某一事物的有利性非常强烈,对印痕的形成过程有强化作用,形式知觉模式可以在短时间内迅速形成,如同一锤定音;另一种是,事物的有利性并不突出而强烈,但其作用经常而持久,形式知觉模式在长时间中缓慢地形成,如同水滴石穿。形式知觉模式的形成主要被有利性强化和经验大量反复这两个维度的作用所决定。这两个维度之间形成一种动态关系,其规律是:要达到足够深刻的印痕,有利性越强则经验反复的次数就可以越少,形成短时间的强化;反之,有利性越弱,经验反复的次数就要越多,形成长时间的潜移默化。

1. 形式知觉模式形成过程中有利性的强化作用

生活中对利害需求的感受上升到意识层面,就形成利害意识。利害意识中不仅包含生理性感受,还有社会性、精神性感受。这一刻画过程的技术性工作由神经系统来完成,而能否刻画,怎样刻画则由人的意识所决定。当人认为事物于己有利时,就按照有利的、好的性质加以刻画;当人认为事物于己有害时,就按照有害的、坏的性质加以刻画。当人认为事物的利害性很强烈时,就加大力度进行刻画。形式知觉模式的这种形成机制,表现在主体上是利害意识对形式知觉的塑造;表现在客

---

[1] 韩济生:《神经科学》(第三版),北京:北京大学医学出版社2009年版,第592页。

第四章 认知模块的核心成分——形式知觉模式

体上是有利性对事物形式的审美属性和审美价值的赋予。

我们不妨以口味为例了解其中的情形。口味方面的知觉模式不是审美的，但与审美知觉模式得以形成的规则是相同的，而且其显现比较清晰，可以有启发意义。在自然状态下，婴儿出生后最早接触到的食物就是母乳。婴儿饥饿的时候一吃到奶，就会因功利性需要的满足而建立起对奶味加以喜好的知觉模式。某种很强烈的感觉可以形成对其他感觉的有力抑制，所以有的婴儿最初只肯吃奶，不愿意接受其他食品的味道。如果婴儿非常饥饿而又无奶可喂，只能代以其他食品，如面汤、米汤、菜汤，这时的婴儿在强烈的利害性需要之下，不得不接受其他味道的食品。于是，代用食品会产生强烈的有利性价值，其味道可以迅速地在婴儿体验中建立起同舒适感相联系的形式知觉模式，婴儿长大以后仍然会继续喜爱这种口味。根据这一规则，在喂养婴幼儿时，口味以清淡为主最合乎科学。因为，婴儿刚一出生，口味偏好即口味方面的形式知觉模式几乎是空白，给他什么口味就接受什么口味。这时接触到的食品味道同生存需要有非常紧密的联系，可以很快形成与愉悦喜爱情感体验相联系的知觉模式。如果最初的食品味道较为清淡，就留有较充分的余地，可以逐步地提高口味的香甜度，使孩子由口味而来的幸福感能有较大的发展空间。如果婴儿一出生就喂以最浓郁香甜的食品，例如奶油蛋糕、巧克力，等于一下子把婴儿的知觉模式提到很高的程度。生活中能超越如此香甜程度的食物并不太多，婴儿长大后从饮食方面获得幸福感的空间将会相对狭小。

形式知觉模式的强力刻画之所以同利害性密切相关，也是同脑活动的机制有关。生命体对事物外在表现信息的知觉与对事物内在利害价值的把握在时间上是极为接近的，由此造成的结果是：事物内外两方面因

173

素所形成的刺激引发不同脑区的同步振荡，形成非常稳定的暂时神经联系，致使二者合为一体。例如：动物为了生存而寻找食物，在寻找可食之物时，需要经过反复的尝试，自然而然地会将事物外形信息同事物内质利害价值当成一体。假设野猪在泥土中翻找着，不断地把翻出的东西放进嘴中，石块、树根、枝叶等不可食的东西会被抛弃，而土豆、地瓜、萝卜之类植物可因其营养价值而引起有益反应，形成肯定性感觉。这时，土豆、地瓜、萝卜的外形、气味及生长在地面上的秧藤的样子等作为外在表现信息同野猪良好的内在反应是近乎同时被感觉到的。在野猪的认知中，所有这些因素都因脑内各中枢部位的同步振荡而被感知功能合为一体；土豆、地瓜、萝卜的外在信息作为有效特征，是野猪内在需要可以得到满足的表征；野猪可以凭借对这些表征的识别来寻找生存需求的满足。当野猪饥饿时，会形成否定性的内在机体感觉，促成寻找食物的动机并引发寻找食物的行为；一旦发现土豆、地瓜、萝卜的秧藤，可以凭经验而知道那里可能找到食物，产生期待；果真找到食物后，会产生肯定性的生理及情绪反应，使得对这些食物外形的知觉得到强化，建立起食物外形与利害性价值及快感之间的联系。我们还可以通过动物实验看看形式知觉模式与事物利害性之间的关系：

  青蛙第一次遇到能排放臭液的臭蟾时，立刻将臭蟾当作美餐而吞食。不料臭蟾分泌臭液，青蛙赶快将它吐出，从此青蛙记取了这一教训，不再吃臭蟾了。……在实验室中，如将有毒食物喂给大鼠，使大鼠中毒而不适几个小时，大鼠从此就不再吃这种有毒食物了。这说明，大鼠能将食后出现的中毒感觉与食物联系起来。①

心理学研究中有个关于狼与羊关系的实验。自然状态下，是狼吃羊，羊怕狼。羊的外形和气味，对狼来说是肉的信号。实验中，人用包上呕吐药的羊肉喂狼。狼吃了这样的羊肉后形成剧烈的呕吐。呕吐能引起强烈的否定性情绪状态，为狼所惧怕。经过这样的过程，羊的气味就同狼的否定性情感建立起连接。这时再把羊放到狼面前，狼仍然可以从视觉形象的经验出发去攻击羊。但一接触到羊的气味，就感到惧怕。大概这时对狼来说，形成视觉经验与味觉经验的矛盾。狼一边跟随着羊，一边又惧怕着羊。羊被狼骚扰得烦了，就去驱逐狼；而狼一反自然状态的情形，在羊的驱赶下不停地躲避。②

这些实验表明，动物就能够把味觉与机体内在的利害性感觉紧密连在一起，形成特定的知觉模式。机体内在利害性感觉是有力的强化因素，可以使相应的知觉模式迅速建立。

事物的有利性对形式知觉模式能产生正性的影响，就好像是对形式的审美性具有抬升作用。例如日常的生活用具，稀有珍贵物品的外形往往具有更高的审美价值。黄金的闪闪发光不比黄铜强多少，但黄金饰品的审美性要成倍地高过黄铜饰品；玉石的晶莹剔透还比不上玻璃等人工制品，但天然玉石制品的审美性要大大高过人工材料的制品。

2. 形式知觉模式形成过程中经验的大量反复作用

形式知觉模式建构过程中大量经验的累积作用虽然没有鲜明地表现

---

① 陈阅增等：《普通生物学——生命科学通论》，北京：高等教育出版社1997年版，第317页。
② DVD《百感交集》，沈阳：辽宁文化音像出版社2005年版。

出有利性，但也必须在有利性的基础上进行。知觉的经验累积过程还不是审美过程；在经验性的累积没有达到知觉模式得以建立的程度时，不能形成审美直觉。例如，由于既有知觉模式的原因，人可能对某些陌生事物的外在样态感到怪异，感到不顺眼，不可能形成美感。如果此时得到有利性的强化，可以迅速地由怪异感转为熟悉感。但如果有利性的作用比较微弱，就需要通过知觉经验的大量累积来实现印痕的刻画。当反复的知觉经验积累到一定程度时，也可以从不顺眼的怪异感过渡到顺眼的熟悉感。一旦顺眼了，就意味着相对于这一事物外形的知觉模式建立起来了。这时才有可能形成非利害性的审美。形式知觉模式同形式之间的对应关系可由实验证明：

> 最近的一些实验指出，IT神经元的图形选择性是后天形成的。有人用一些猴本来不熟悉的图像对猴进行训练（例如给猴整天玩一个特殊形状的玩具），经过一定时间以后，IT区（颞下回皮质区——笔者注）就可以记录到一些神经元对这种立体图像有选择性反应。[1]

如果事物的有利性较弱，没有很大的强化作用，则对该事物形式加以知觉的数量作用就凸显出来，经验的大量性、反复性具有了重要的意义。例如每一种族、民族都有依据于自己风俗习惯的形式知觉模式，包括房屋、器具的样式，一般人的面孔，常见动物、植物的样态，等等。在同等利害性条件下，被知觉得最多的形式能形成最多的知觉经验，从

---

[1] 徐科：《神经生物学纲要》，北京：科学出版社2000年版，第235页。

<<< 第四章 认知模块的核心成分——形式知觉模式

而在知觉神经中造成最深的印痕,形成最适宜的知觉模式。而对某一陌生事物外形经验的增多,可以自然地改变原有的知觉模式。我们可能会有这样的经验:刚进入一个新的环境,例如刚进入一个工作单位或一所学校,见到很多陌生的人;有些人的相貌在最初看到的时候可能会感到不顺眼,或者说感到不好看;但随着接触机会的增多,经常看、反复看,慢慢地就顺眼了,甚至感到很好看了。

自然界中,同一类事物往往有许许多多的个体,其具体表现样式各异。如果对同一类事物中的许多个体进行反复刻画,数量最多、印象最强的那些个体的样式,会在神经系统中留下最明显、最深刻的痕迹,形成关于此类事物的、清晰的知觉模式。对这一过程,康德已有所发现并提出了"审美的基准理念"的概念。康德当时还不能对大脑神经活动的过程和机理有较为透彻的了解,于是举例说明道:

> 某人看见过上千的成年男子。如果他现在对能够以比较的方式加以估量的基准身材做出判断,那么,(在我看来)想象力就可以让大量肖像(也许就是所有那些上千的成年男子)相互叠加;而且如果允许我在这里使用光学描述的类比的话,在大多数肖像合并起来的那个空间中,以及在显示出涂以最浓重颜色的位置的那个轮廓之内,那个平均身材就将清晰可辨,它无论是按照高度还是按照宽度都与最大体形和最小体形最外面的边线等距离远;而这就是一个美男子的体形。……那么,这个形象就是进行这种比较的那个国度中美男子的基准理念的

基础。①

康德的这一阐述，完全符合现代脑科学及心理学的认识，也符合日常的生活经验。据报道，韩国高丽大学安岩医院整形外科教授把掀起韩流热风的19位美女代表脸谱用电脑技术进行了合成分析，形成标准的美女相貌脸谱。其正面脸谱用金泰熙、金喜善、朴韩别、孙艺珍、宋慧乔、沈银河、李英爱、全智贤、韩佳仁、黄新蕙等10名代表韩国美女的脸谱进行合成；侧面用金贤珠、成宥利、孙泰英、宋允儿、李孝利、全度妍、钱忍和、蔡琳、崔智友、金泰熙、金喜善、宋慧乔、韩佳仁等13名美女脸谱进行合成。② 还有报道，英国圣安德鲁大学精神学院的研究学者用电脑合成了一张据称是完美男子的脸庞。先由34名年轻女学生对被选的对象照片吸引力进行1到7分的评分，而后将照片所有的优点整合起来，最后形成的图像集合了所有的突出特点。③

上述两个合成标准相貌图所用的基础面孔都是经由生活中审美眼光选择过的。其方式是以现代科技模拟人脑的活动，而生活中相貌审美眼光的形成大致应该是类似于电脑合成的过程。现代科技实验与康德的讲述基本一致。在人体相貌审美方面，康德所谓审美的基准理念，就是有关人体相貌的普遍形式知觉模式，是经由大量反复认知印刻而成的中间值模式。科学实验数据中的"中间值"，在生活中被感受为"标致"。日常生活中，人们常常会说某个女孩子的相貌很"标致"。这所谓"标

---

① [德]康德：《判断力批判》（注释本），李秋零译注，北京：中国人民大学出版社2011年版，第63页。
② 网易新闻（http://news.163.com/06/1116/10/301U98T3000120GU.html）。
③ 中国经济网（http://big5.ce.cn/xwzx/shgj/gdxw/200605/23/t20060523_7064641.shtml）。

致"就是相貌的"中间值"。每个人都会由自己的知觉经验而形成自己的知觉中间值,即自己的知觉模式。这种知觉模式作为"审美眼光"就成为这个人对客体事物进行审美判断的标准。换言之,今天所谓最美的相貌,生活中所谓"标致"的长相,是被处于中间值状态的形式知觉模式所决定的。在有利性的必要前提下,大量知觉经验造成的形象重复和叠加是完成形式知觉模式刻画的主要方式。

3. 形式知觉模式建立过程中的利害性与非利害性

对于审美中的无利害性,康德曾经有过论述:

> 被称为兴趣的那种愉悦,我们是把它与一个对象的实存的表象结合在一起的。因此,这样一种愉悦总是同时具有与欲求能力的关系,要么它就是欲求能力的规定根据,要么毕竟与欲求能力的规定根据有必然联系。但现在,既然问题是某种东西是否美,人们就不想知道事情的实存对我们或者任何一个人是否有某种重要性,或者哪怕只是可能有重要性;而是想知道,我们如何在纯然的观察(直观或者反思)中评判它。①

康德所说的"对象"即可以成为审美对象的事物;"对象的实存"即"事物的存在",指事物本身,也相当于我们所说的事物的内质;"表象"即我们所说的事物的形式、形象。表象、外形只能同知觉发生联系;存在、内质则同需要发生联系。一般生存状态下,人是在功利性需要的驱动下,运用知觉经由表象(外形)而去发现事物(存在)的功

---

① [德]康德:《判断力批判》(注释本),李秋零译注,北京:中国人民大学出版社2011年版,第34页。

利价值。这时就形成需要与存在（事物内质）的联系，引发的是利害性快感；而知觉与表象（外形）的联系只是需要与存在联系的中间过程或手段，没有独立的意义和作用。这时的情形就是康德所说"是把它与一个对象的实存的表象结合在一起的"。当人没有功利性需求时，主体内部没有需要的驱动作用，不必经由对事物表象（外形）的知觉而去发现事物（存在）的内质，知觉和表象（外形）之间的联系可以相对独立地单独形成；这时就可以达成康德所说的"这取决于我从我心中的这个表象本身得出什么，而不取决于我在其中依赖于该对象的实存的东西"①。就是说，这时形成了事物存在（内质）与事物表象（形式）的抽象性分离，这才能形成非利害性的美感。康德所说的审美中的"非利害"，是指人的知觉与对象事物的"表象"之间关系的性质，同时也是指这种关系下人的情感反应的性质。而对象事物的"表象"之所以能够引起人的非利害知觉及非利害情感，则是由于这个对象事物自身的"存在"即其内质的利害性。

康德关于审美中利害性与非利害性的阐述很有启发价值。但是，康德的表述过于晦涩，令人难以理解，也造成许多误解。用现代认知科学的眼光来看，才可以发现其阐述的合理性。康德关于审美非利害及利害的阐述实际上是这样的意思：人与事物之间的审美关系是非利害的，因为它发生在人的知觉与事物的形式即"表象"之间（相当于我们所说的形式知觉同事物形式之间的关系）；由这种主客体之间的关系而产生的情感反应自然也是非利害的（相当于我们所说的形式认知方式下的情感体验性质）。但具有可审美形式的事物，其内质即其"存在"是有

---

① ［德］康德：《判断力批判》（注释本），李秋零译注，北京：中国人民大学出版社2011年版，第35页。

<<< 第四章 认知模块的核心成分——形式知觉模式

利害价值的,正是由于附庸在有利害价值的"存在"之上,"表象"才成为可审美的。不去把握"存在",也不考虑"存在",仅仅是单纯地面对"表象"即事物形式,是非利害的,审美的;结合"存在"而面对"表象",即将事物内质与外形合为一体,是利害性的。但如果事物的"存在"不具有利害性,则事物的"表象"也不具有可审美性。简单说:审美中,非利害现象表现的是人与事物形式之间的知觉关系,利害现象表现的是事物内质与事物形式之间的连带关系。或者说,人与"表象"之间的关系是非利害的,"存在"与"表象"之间的关系是利害的。当然,从客观角度讲,事物的"存在"与"表象"之间的关系是自然形态的,本不可分的,二者的区分只能发生在人的思维中,二者之间的连带关系是以人的认识为中介的。康德本人受历史条件及其哲学方法所限,没能这样清晰地做出阐述,我们今天从现代科学的认识出发则可以做出这样的解读。可见,即使按照康德的美论思想,非利害性和利害性本来也不是并列地表现在审美活动的同一层次、同一环节中的,二者并不构成矛盾。

康德所说"存在与表象"之间的关系,就是事物利害性对形式知觉模式中枢和情感中枢性质的决定作用。事物与人构成客体与主体的关系。事物可分为内质和形式两个方面;相对应地,人可分为需要和知觉两个方面。内质与需要相对应;形式与知觉相对应。人在知觉时,会在经验中形成一定的形式知觉模式,保留在知觉模式中枢之中。大脑中的评估系统即时地根据机体状态和生存需要对客体对象事物的利害价值加以评估。如果事物内质对人的需要而言是有利的,就会在知觉过程中建立同肯定性情感相联系的形式知觉模式;或者说,这时建立的形式知觉模式同肯定性情感相连接。如果对需要而言是有害的,则相关知觉模式

181

同否定性情感相连接。

同肯定性情感相连接的形式知觉模式，在审美活动中就构成人的审美眼光。形式知觉模式是同肯定性情感相连接还是同否定性情感相连接，取决于事物内质（存在）是有利还是有害。在形式知觉模式已经建立的条件下，与此相匹配的事物形式就能引起肯定性情感、美感。由于人们觉察不到形式知觉模式的存在，当与形式知觉模式相契合、相匹配的事物形式引发美感时，就以为是事物形式中含有"美"或"美本质"。康德在当时的条件下，更不可能知道形式知觉模式的作用和机理。但他天才地发现了事物利害性内质与外在形式之间的关系，并且用哲学化的语言表述出"存在"与"表象"之间的关系，认为审美要有利害性的前提。

四、审美形式知觉模式的横向发展

有利性是审美形式知觉模式得以形成的根基，但并不是决定审美形式知觉模式发展变化的唯一因素。审美形式知觉模式作为人的一种能力一旦形成，也具有相对独立性，有自身的发展规则。即，在相同或相似有利性基础上，审美形式知觉模式本身可以形成横向的、由一种模式到另一种模式的发展。对此，可从以下几个方面来认识。

1. 由知觉特性造成的形式变化

在同等利害条件及同等强度之下，如果同一刺激反复出现，知觉反应将逐渐迟钝。人对已经习惯化了的事物形式常常视若无睹，难以因之而产生强烈的审美感受。例如，生活在张家界、九寨沟等名胜景区的居民，经年累月地看到当地的景观，反而觉不出其中的美丽。因此，主体所经受的审美刺激必须是越来越新奇、越来越强烈的。

对新奇性程度和强烈性程度的要求，随着人的经验的不同而不同。如果从小生活在形式刺激性相对平淡，变化平稳的环境中，其知觉模式的强烈程度就相对较低而稳定性较强。对具有这种知觉模式类型的人，只要新的刺激略有新奇性，强度略有提高，他都会感到精神振奋，形成快感；如果生活经历丰富多样而且知觉经验的刺激性较为强烈，则只有更为强烈的刺激才能激起他的有效反应。中国曾经长期处于农业社会环境中，生活节奏缓慢，新奇物品稀少，文化生活贫乏，知觉强度处于较低水平。只要略微超出一般生活的样态，就可以给知觉以新奇性的刺激，引发足够多的神经振荡，形成美感。现代社会条件下，工业化程度很高，新鲜事物层出不穷，生活节奏加快，经验到的形式刺激非常强烈，知觉强度就处于较高水平，需要经常地、及时地变换刺激样态，否则就引不起兴奋，不能形成快感。所以，京剧在古代和近代社会中是极为高端的艺术形式，能引起强烈的审美感受；到了现代社会的今天，则仅在老年人之中具有较强的艺术魅力，对年轻人来说，则显得节奏太慢，形式单调，不易形成有效的刺激，不易引发美感。或许正是这种原因逼得现代京剧不得不改得节奏更快，表演更有刺激性。如果再像过去那样一咏三叹，慢慢道来，人们很少能有耐心观看了。西方现代社会快速的节奏使得刺激越来越强烈，人们对刺激强烈性的要求也越来越高。一些观赏性活动如斗牛、赛车，都是这种强刺激的表现；爵士乐、摇滚乐等接连登场，其强烈程度已经达到甚至超过生理承受能力的极限。如果形式刺激的强度超过生理承受能力的极限，就不符合健康原则了，终将因其有害性而丧失审美性。所以，刺激并非越强越好。从知觉的特性来说，模式的建立还是从低水平开始为宜。如果知觉模式对刺激性的要求较低，则只要略微超过这一水平就足可引发神经振荡，产生快感。这样，人生中的幸福感可能会更多、更容易。反之，如果从小就接受强烈的形式知觉刺激，势必构建起强度很高的知觉模式；而要想超出这一强度而形成新的有效刺激将很困难。

2. 形式知觉横向发展的神经生物学动力

知觉模式横向发展的现象与心理学、神经生物学研究所揭示出的机理是一致的。心理学研究表明：

> 只要对某种条件刺激的条件反应一旦稳固地建立起来，那个刺激本身就可以作为一种无条件刺激与新的条件刺激相配对。这个叫做高级条件制约的过程可以重复进行，从而导致一连串联结，把原先的无条件刺激与比较更远的条件刺激联结起来。①

知觉神经活动的特点使得形式的发展和表现具有非常广阔的空间及可能。以一个具有有利性的事物为根源，可以从这个事物的形式中接续演变出多种形式表现。这一事物自身的形式是客观的，由这一形式建立起的形式知觉模式，主要根据是该事物的有利性；形式知觉模式是意识性的存在，意识在脑内运行时，可能受到其他意识因素的影响，形成变化了的形式知觉模式，再按照这一知觉模式创造出相应的形象即形式表现。我国考古学家认为中国古代陶器上的几何形纹饰，最初都来自具体的事物：

---

① [美]克雷奇等：《心理学纲要》下册，周先庚等译，北京：文化教育出版社1981年版，第239页。

主要的几何形图案花纹可能是由动物图像演化而来的。有代表性的几何纹饰可分成两类：螺旋形纹饰是由鸟纹变化而来的；波浪形的曲线纹和垂幛纹是由蛙纹演变而来的。[1]

形象的演变，往往带有抽象化、简便化的倾向。我国早期纹饰发展到现在，已经高度抽象化、图案化，非常精细复杂，几乎看不出最初同动物的关系。中国象形文字的发展明显地表现出抽象化、简便化的倾向和轨迹。

促使形式知觉模式横向发展的主要因素，大概是知觉和审美需求的特性。人的知觉具有"敏感化"及"习惯化"的特性。

所谓习惯化是指当一个不产生伤害性效应的刺激重复作用时，对该刺激的反射性行为反应逐渐减弱的过程。例如，对一个有规律地重复出现的强噪音，人们不再对它产生反应。[2]

认知神经科学发现，新异刺激容易引起神经细胞的兴奋，这些细胞的传出可以驱动注意系统，使有机体偏向新异刺激；随着对新异刺激的逐渐熟悉化，其反应呈下降趋势。如果形式信息有所变化，可以形成新颖性而避免知觉的习惯化，保持刺激的适宜度。知觉神经系统的这种特点是在生物进化过程中自然形成的，因为新奇情况的出现可能对生存具有重要意义，机体已经建立起对新奇刺激的较强烈反应。[3] 对习惯化现

---

[1] 石兴邦：《有关马家窑文化的一些问题》，《考古》1962年第6期，第320页。
[2] 徐科：《神经生物学纲要》，北京：科学出版社2000年版，第314页。
[3] 黄秉宪：《脑的高级功能与神经网络》，北京：科学出版社2000年版，第60页。

象的研究已经深化到神经细胞的水平。研究表明：在大脑皮质的较高级区存有一些功能特殊的神经元，被称之为"注意神经元"。

这些神经元对专门的感觉刺激物不起反应，但是对于刺激物的更换或它们的某些特征的变化，则是积极地起反应的。同时随着对刺激物的逐渐习惯而降低了自己的活动性，并且在出现变化的情况下重新又激活起来。①

"注意神经元"的职能是对动物生存环境中的各种现象的"新异性"产生反应，以便形成知觉的定向反射，实施机体的专门动员。如果刺激物多次重复出现，就失去了新异性，失去了有机体专门动员的必要性。因此，需要注意神经元具有特定的功能，能够随着对刺激物的逐渐习惯而降低自己的活动性。②

3. 知觉特性在艺术创新方面的表现

审美需要形成之后，在生活中的地位逐渐重要起来。对审美需要的满足主要是通过艺术创造完成的。艺术形式可以有效地刺激形式知觉，形成神经系统的振荡而使人产生美感。形式知觉为避免习惯化，为保持刺激的有效性，就要求艺术的形式表现样态必须及时变化。由此促进了艺术创作时由旧形式到新形式的多样化发展。

与神经系统的特性相对应，在人的心理特性中，在审美活动特别是

---

① [苏] A. P. 鲁利亚:《神经心理学原理》，汪青等译，赵璧如校，北京：科学出版社1983年版，第52页。
② [苏] A. P. 鲁利亚:《神经心理学原理》，汪青等译，赵璧如校，北京：科学出版社1983年版，第92页。

<<< 第四章 认知模块的核心成分——形式知觉模式

艺术活动中，一个重要的表现就是：对象事物的新颖性、独创性非常重要，常常是能否形成审美情感的决定性因素。

审美活动的生物性基础是机体神经系统振动的需要，即需要有效的适宜刺激。如果形式信息的刺激内容单调而重复，将使知觉反应习惯化，形式信息的刺激作用将减弱甚至消失，不能引发生物性神经系统的适宜振动，人体觉察不到快感。雷同化的、千篇一律的作品一定不具有较高的审美价值。因为，对重复出现的审美对象，审美知觉呈现出习惯化倾向而使审美感受逐渐地降低，不再形成审美的情感体验，即出现所谓的"审美疲劳"现象。具有新奇性特征的艺术作品可以给人以较强烈的刺激，引发较强烈的神经振动，给人的主观感觉就是震撼强烈，美感强烈。

现代社会中，艺术往往刻意追求感官的冲击性，使得刺激性越来越强，直至达到人体所能承受的极限。这说明，精神的兴奋能使人感到愉悦。精神的兴奋是以神经系统的生物特性为根据的。高明的艺术创作可以利用人的心理感觉而改换形式表现，创做出被人所喜爱的形象。例如"米老鼠"的形象。老鼠在日常生活本来是有害的、可恶的；但在现代社会中，人们的生活条件非常优裕，很少直接感受到老鼠的有害性，甚至很少能看到真实的老鼠，对老鼠的憎恶感已经淡化。在这一背景下，再利用艺术手段加入很多有利于形成美感的形象因素，就使得艺术中"米老鼠"形象新颖奇特，在外形上进一步拉开了与真实老鼠的距离，从而使人们容易超脱日常生活中对老鼠的否定性知觉模式，形成对米老鼠形象的喜爱。"米老鼠"形象的塑造，从外形上看是头大身小，表情和善、生动。这一形象与生活中的儿童很相似。儿童都是头大身小的，人们对儿童有天然的喜爱之情。很可能，头大身小也是一种形式知觉模式类，能够影响乃至包容个别的类似形象。从"米老鼠"形象的内在素质上看，吸收了现实世界中老鼠机警敏捷等良好特点，还具有智慧善良，勇于反抗霸权的性格，相当于为"米老鼠"形式知觉模式的建立铺垫了由有利性构成的基础和中介。

形式知觉模式的横向发展仍然以有利性为根据。如，对称感是知觉模式结构中最为基础的因素之一，而艺术中为了追求新奇和变化，常常形成不对称的形式。如盆景中的植物常常被做成畸形的样态，可以形成特殊的审美效果。现代艺术中也常常形成不对称的形式表现。在现代派绘画如毕加索、达利的作品中，连人的头部、面部都是畸形的、不对称的。但是，生活中的人，如果体态畸形，面部五官不对称，一定是不美的。因为艺术中的人像距离现实生活较远，所具有的利害价值相对稀薄；生活中人的样态与人的生活连接紧密，利害价值比较强。从服饰的发展变化中可以看出，服装时尚性的表现虽然多种多样，但基本上是以人的形体为核心，要表现出人的体形的完美。在这一总的原则之下，细部呈现出令人眼花缭乱的变化。

五、审美中形式知觉模式作用的个案分析

美学理论的应用，归根到底在于形式知觉模式即审美眼光的塑造和利用。因为：客观事物与主体认知之间的关系决定了以形式知觉模式为核心的认知模块的建立；认知模块中的形式知觉模式具体决定着与事物外形的匹配关系，从而决定了事物美或不美。审美关系得以结成的主动性在于人的认知活动；只是由于认知模块及形式知觉模式即审美眼光的已然存在，才使一般的形式成为"有意味的形式"，使艺术成为"情感的符号"。对审美眼光的塑造就是对审美标准的塑造。

如果说，对于美学根本问题、审美发生问题、审美活动性质问题的研究是"定性"研究的话，对审美形式知觉模式的研究就偏向于"定量"研究了。一个学科的发展，只有达到定量化的程度才有实际的应用价值。我们希望能够在定性化研究的基础之上，使美学研究走向定量化道路。这对美学来说，还是一个非常陌生的路程。所有对未知地带的了解和探寻，都需要勇气和决心，需要逐步地尝试。我们将大胆地在这方面进行摸索，努力在量化方面上发现审美活动的内在规律或规则。

由于量化研究的初始性，目前还难以要求认识和阐释的体系性和完整性。因此，我们将实行由点到面、由面到完整结构的方式，首先采用个案分析的方法，将现在已经取得的个别认识作为实例展现，从模糊的斑斑点点开始，逐渐成片，最终形成清晰而完整的认识。

按照认知神经美学原理，审美眼光的形成及审美标准的得出，是由形式知觉模式形成机制中功利性的强化和知觉经验性的数量重复这两个维度的动态关系所决定的。利害性强化作用和经验性数量重复作用之间是一种此消彼长的关系，其规律是：内质方面利害性越强则形式方面经验数量的作用就可以越少；内质方面利害性越弱则形式经验的数量重复就需要越多。利害性的强化作用和经验数量的重复作用只是同一性质、同一方向上的不同表现而已；二者都需要建立在有利性的基础上，都需要一定的经验，不能将二者绝对地割裂开来。当然，二者相比较而言，利害性强化作用的维度在利害性的表现方面更明显、更强烈；而经验性数量重复作用的维度在有利性方面弱一些，但经验数量的重复更多。这就好比要在地上挖一条深沟，如果使用大马力挖掘机，可能只需挖几次就能挖成；如果是人工用铁铲来挖，就要挖许许多多次才能挖成。

有利性的强度可以折算为一定的量。例如，含有三斤糖的一瓶水，其含糖量相当于三瓶含有一斤糖的水。不过，审美中的"量"是非常模糊的，我们只能提出一个大致的原则，还不能有具体的计算。对于这种"量"，我们固然可以姑且称之为"美感度"或"审美度"，但这个"审美度"怎样计量，以什么为客观的计量单位，还是未决的问题。目前只能说，这是一个心理的、经验性的感觉。

生活中的审美现象繁复多样，我们以常见的、有代表性的相貌审美现象为例。如何认识相貌审美中的原理和机制，既是美学原理的应用，又是对美学理论合理性、适用性的检验。

1. 相貌审美的一般机制

事物没有客观的"美"，事物美不美，取决于人的感觉和判断。同样，人的相貌也没有客观的"美"，相貌的美不美，也要取决于人的感觉和判断。人的感觉和判断，在一定范围和一定时期内，可以形成相对稳定的样态，就成为特定的审美标准。就相貌审美中的标准而言，可以有普遍的和特殊的两类。无论是普遍性的标准还是特殊性的标准，都处在发展变化之中。

相貌的审美标准也被有利性强化和经验重复这两个维度所决定。其中，更重要的当然还是功利性因素。历史上相貌审美的发展过程，可以给我们一些启示。其发展轨迹是：越是人类社会的早期，理想型的相貌越是胖硕；越是近代，越趋向于苗条。以现有的材料来看，中国和欧洲都是如此。

1908年发现于奥地利维伦多夫（Willendorf），现收藏于维也纳自然博物馆的石刻雕像《维伦多夫的维纳斯》，是一尊原始时期的女子雕像，大约制作于公元前30000—前25000年。这一雕像体态肥硕，女性特征非常突出，应该是早期人类理想的样态。还有，收藏于西安历史博物馆中的唐代演艺陶俑也是体态丰腴的。唐代的演艺者大约相当于今天的演艺明星，应该是当时理想的审美相貌。

这种体态相貌之所以是典型的审美对象，大概是因为：第一，体态丰硕，脂肪积蓄较多，可能有利于生育，而生育对早期人类来说是非常重要的事情，关系到种族的延续、部落的兴衰；第二，早期人类社会，生存相当艰难，物质非常匮乏，如果能吃得胖硕，表明生活富足，社会地位优越。汉民族文化圈中俗称为"富态"。这两点都构成较强的功利性，对知觉模式的建立有较强的刻画作用。

进入当代社会之后，特别是在发达国家，生产能力大大提高，社会物质财富相当充裕，吃饱喝足已经不是很大的问题。积蓄很多脂肪的有利性已经消失，不再构成决定知觉模式的重要因素。相反，过度饮食会造成营养过剩，脂肪过多容易与血糖高、血脂高、血压高等现代疾病相联系，人们唯恐避之不及。这时，胖硕就不具有有利性了。健康生活的理念使得人们开始以体态苗条为美。这既符合自然，又有利于健康，是审美观念中新的功利性内容。人在生长过程中，青少年时代的体型大多是苗条的；这时的精力和体能都处于上佳状态，性别特征鲜明而突出。特别是对于女性来说，青春少女时代是其一生中最为靓丽的阶段，苗条的体型是青春的标志。随着年纪的增大，体型容易发胖。胖硕体型的形象往往同年老的印象相关联。于是，苗条的体态不仅有利于健康，还与青春状态相接近，构成较强的有利性因素。与苗条相反的胖硕体态则缺少这样的有利性，成为负面的样态。所以我们看到，当代社会中"减肥"成为时尚，人们甚至形成"骨感美人"的审美眼光。当然，如果对苗条的追求走入极端，过度消瘦，也会危及健康，不具有有利性，不是健康的、科学的审美。欧洲在18世纪曾经以腰细为美，形成人为束腰的风俗，造成内脏受挤压，危害健康。中国明清时期曾经以小脚为美，也是病态的、畸形的审美。

胖瘦是体形的整体样态，同利害性的关联比较明显。相貌的审美，往往是面对具体的面孔，是面部五官的样态。面孔也同利害性相关吗？曾有这样的疑问：一个人相貌很英俊、漂亮，但道德不美好，心地不善良；是不是表明，审美不能以有利性为基础呢？

形式知觉模式的形成以利害性为基础，这是审美的一般规律。至于人相貌的美丑与人内心的善恶之间的关系，要做具体分析。一方面，人的相貌，特别是面孔的长相主要取决于遗传，是自然性的构成，因此要以自然方面的利害性为衡量标准。如果在自然生理方面不正常，例如有生理缺陷或眼歪口斜，就不符合健康的标准，不具有自然方面的有利性，不被视为美的。人的道德、观念、品性是社会文化的构成，要以社会文化标准来衡量其善恶，与生理遗传没有直接的关联。因此，人的道德、观念的善恶并不同相貌是否端正有直接的联系。生活中，常常有相貌俊美而品性不美，或者相貌丑陋而心地善良的现象，例如雨果的名著《巴黎圣母院》中，描写了四种典型情形：吉卜赛女郎艾斯梅拉达，心地纯洁善良，容貌阿娜美丽，是内心美好而相貌也美好的模式；副主教克洛德·弗雷洛，内心毒辣而外貌险恶，是内心丑恶而相貌也丑恶的模式；敲钟人卡西莫多，内心善良而外貌丑陋，是内心美好而相貌不美的模式；卫队长弗比斯，内心虚伪自私，外表英俊潇洒，是内心丑陋而相貌美好的模式。

对相貌的审美是对人一般相貌样态的感觉，如果落实到某一个具体的人，则可以结合对这个人的整体评价而形成专有的审美态度。如果一个人心术不正，作恶多端，令人极为憎恶；那么，即便这个人的相貌在

<<< 第四章 认知模块的核心成分——形式知觉模式

一般的眼光看来是俊美的，在憎恶他的人看来就不是美的。司汤达所著小说《法妮娜·法尼尼》中，革命党青年米西芮里深深爱着当时全罗马最美丽的姑娘法妮娜·法尼尼。但当他得知是法妮娜·法尼尼告密出卖，致使革命党人全数被捕、起义计划彻底失败后，不由得对法妮娜·法尼尼生出无比的憎恶和愤恨，禁不住咬牙切齿地吼道："可诅咒的法妮娜·法尼尼！"这时，在米西芮里眼中，法妮娜·法尼尼就不会再是美丽的了。

另一方面，人的面孔长相又的确可以同内心世界有一定的关联。人以面部表情来显示内心的情感状态，面孔是人体中表情最为丰富的部位。由自然进化所决定，内心情绪情感的状态同面部肌肉有直接的联系。内心喜悦则面部表情就是高兴，内心痛苦则面部表情就是悲伤。如果人经常地处于某一种情绪状态之下，就可能经常地带有某一种表情；久而久之，表情肌肉会固定下来，形成"相由心生"状况。所谓的"算命相面"，就是由面相来推测内心情绪和感觉，进而推测其生活境况和遭遇。有的孩子生活境遇顺利，性情开朗，总是处于满意和喜悦的情绪状态之下，其面部表情会显得比较"阳光"，活泼；有的孩子生活中遭遇过不幸或挫折，心事重重，时常深思，面部表情会显得较为忧郁、严肃。如果一个人经常性地待人宽厚而心地善良，面部就显得慈祥；如果一个人内心狡诈或蛮横无理，面部表情常常显出奸诈或是"一脸横肉"。这时，面孔的自然长相同内心世界的外部显现可以结合在一起构成具体的面相。人在对这样的面相加以知觉并形成审美判断时，可能会加入利害性因素。不过，人是复杂的。有的人喜怒不形于色，从面部表情中看不出其内心世界和情感状态。生活中有俗称"笑面虎"的现象，就是指有的人内心险恶而相貌祥和。这时，内心状态同面孔表现就没有直接的关联了。

　　作为一个现实的人，其内心世界同社会文化有密切的联系；而在一般的相貌审美中，相貌更多的是自然性的长成。从自然性的角度，相貌审美的标准是什么样的？是怎样形成的？

　　所谓"美"的，就是符合形式知觉模式的。人在生活中，有许许多多的知觉经验，见到过无数个面孔的样态，留下了无数个对于面孔的知觉印象，其中的哪一个或哪一类才是一个人对于面孔审美的知觉模式呢？应该是印象最深刻的那一个或那一类。能够影响知觉经验深刻度的，是功利性强化和经验性数量重复这两个维度。在自然性方面，相貌的长成往往不具有特定的社会文化因素，只具有全人类一般的有利性；在功利性强度方面属于较弱的一种。就是说，如果没有特定的情形（例如封建社会的皇宫中，一个男孩的出生可能关系到皇位的继承及争夺，带有社会利害性因素），人的存在，一般而言是有利而无害的；人对人是关注的，人的相貌可以具有微弱的有利性。在有利性不突出而明显的情况下，经验数量的重复就发生主要的作用了。众多相貌在知觉经验中大量重复的结果，就形成了知觉经验的"平均值"或"中间值"，在日常生活中通常的表述就是所谓"标致"。绝不能说，长有标致相貌的人更美是因为她比一般人有更多的人本质或自由的本性；而是要说，这一类相貌在人的知觉中刻画出更深刻的印痕。

　　为什么标致的相貌能凭借数量维度在知觉经验中刻画出最深刻的印痕呢？在实际生活中，长有标致相貌的人不是少数吗？的确，生活中长有标致相貌的人只是少数；但如果把众多各式各样的相貌加以重合叠加，取其共同点而构成最深刻的印痕，恰好会形成中间值样态，也就是标致的样态。

<<< 第四章 认知模块的核心成分——形式知觉模式

  知觉经验在知觉结构中的刻画过程是自动完成的，不被人所觉知。但可通过思辨或者现代计算机技术来推测、模拟人脑对相貌的认知过程，例如康德对审美的基准理念的举例说明及美女美男相貌的电子合成。

  还有人从黄金比例的角度论证美的根由或审美的标准。客观事物中的确可以发现不少符合黄金比例的现象，最明显的就是人的身躯。从人类发展进程看，几十万年来的装束都是简单的，常常以在腰上系围裙为服装，造成上半身与下本身的明显区别。表现这种比例关系的外形样态一定对人的知觉有长久而深刻的影响，最终刻画成关于比例的形式知觉模式。这一知觉模式的普遍性、有效性造成了一般的审美眼光，符合这一审美眼光的形式比例因此被称为"黄金比例"。不能说黄金比例是美本身，应该说客观存在的比例造成了相应的形式知觉模式。符合黄金比例的审美眼光是生活中大量符合黄金比例的事物形式对知觉结构加以刻画的结果。而就实际的审美来说，许多不符合黄金比例的面孔也是美的。

  还需要提出加以探讨的问题是：相貌审美的平均值主要表现在脸庞的整体轮廓上，不是表现在具体的五官上。中国人的相貌审美中，往往喜欢大眼睛、双眼皮、高直鼻梁。在生活中，南方人大眼睛、双眼皮的较多，北方人大眼睛、双眼皮的不多，似乎构不成平均值。数量不多的时候，产生作用的就应该是利害性了。大概是眼睛大会使整个脸庞显得比较明亮，明亮的是好的，好则美。这样，眼睛大，本身成为一个积极的趋势，可以发展到超出平均值的程度。同样，鼻梁的高直大概同生活中高且直的东西大多比较好相关。这还只是猜测，需要进一步思考。

  功利性强化作用对知觉模式的有力刻画，本来是作用于主体知觉及审美感受的，但由于主体的知觉和感受都要相应地在对事物的审美中表现出来，等于是对事物的审美度施加了影响，相当于抬升了事物的审美度。因此，功利性强化作用的力度可以换算为事物的审美度。其计算公式为：实际审美度＝原初状态审美度＋功利强化力度。我们试举例说明一下。

假如某位足球选手的球技非常高超，在比赛中的作用极为突出而重要，那么，在球迷的眼中，这位选手相貌的审美度将因这种利害性作用而得到放大。如果他的相貌在生活中是一般化的，这时就将变得很美；如果他的相貌原本在生活中就是上乘的，这时将变得极为俊美，成为球迷崇拜的偶像。

影视演员的情形也是如此。演员表演技巧的高超性可以在很大程度上影响到人们的喜爱度，包括对演员相貌的审美度。不仅在演技方面，演员所饰演角色的利害性也能深深地影响观众知觉模式的建立。正面的、有过人才能、辉煌成就或不凡经历的角色，其饰演者更容易获得肯定性的抬升；反面的、被人所厌恶角色的饰演者则容易获得否定性的感觉，其相貌的可审美性将受到负面影响。

每个人的生活经历各不相同，对事物加以判断的尺度也不相同；因此，对原初状态审美度和功利强化力度的判断，人与人的之间是有差别的。

2. 男女性别在审美中的表现

在自然进化和人类社会发展过程中，形成了一种特有的现象：在动物界往往是雄性的外表鲜艳、明显而突出，在人类则是女性的装扮更为鲜艳、明显而突出。

美学研究中存有进化论美学观，认为在动物中就存有审美，动物绚丽的外表就是鲜明的表现。但是，进化论美学观难以解释，何以动物的绚丽大都表现在雄性上而雌性基本不绚丽。生物学及动物心理学可以解释这种现象。雄性的绚丽是为了吸引雌性的注意，增加交配机会，有利于繁殖后代，延续种族。所以，尽管外表的绚丽也会使得自身容易暴露给天敌，但动物的雄性还是要冒险保有突出而鲜明的外形标志。

此外，我们关于审美发生机理的研究表明，动物没有完全的抽象认知能力，不能把物体自身或物体内在价值与物体的外形表现区分开来，因此不能形成无利害性的愉悦感即美感。所以动物是不能审美的。从科学的角度看，雄性动物外貌特征的突出或美丽是由自然进化过程中的利害性所决定的。人类是社会性的存在。对人的发展和状态来说，社会因素的作用已经大大超过了自然进化因素；对人类女性外貌的突出和美丽表现，要从社会中寻找原因。

人类社会中，被自然条件所决定，很早就形成了男性和女性的分工——男性负责生产劳动，女性负责养育后代。这样，男性直接掌握着生活资料，而女性要依靠男性来获取生活资料。于是，就与生存相关的需要来说，男性拥有最多、最大的有利性资源，女性通常不拥有或只拥有很少的一点。这种情形使男性得到有利性的有力托举，可以依靠利害性的强化作用迅速地在女性的认知结构中塑造出与自己相貌相对应的形式知觉模式。因此，在女性对男性相貌的审美知觉模式形成过程中，利害性因素具有更大的作用。我们在生活中经常见到的现象是，婚恋关系中，女性对男性功利性方面的要求更多一些，而男性相貌上具体的形式表现因素显得相对次要，似乎不是很重要。女性对男性相貌的要求通常不是很严格，只要大致符合正常的生理条件，没有明显的畸形、不合比例、不对称等就可以了。相对于面部长相，女性对男性身个的要求要严格一些，大概是因为身个比起面部长相来更具有功利性。

相反的，女性不掌握生活资料，所拥有的生存利害性因素不多。因而，个别的女性很难凭借自己的有利性而在男性的认知结构中塑造出与自己相貌相适应的知觉模式。当利害性的强化作用不充分时，就需要经验方面大量的重复。

于是，在婚恋关系中的现象是：女性挑选男性时，利害性方面的因素更重要一些；男性挑选女性时，相貌的认可度更重要一些。对女性相貌的偏重促使女性在外形装扮上向着艳丽、鲜明、突出的方向发展，以此来取悦男性。久而久之，形成了人类是女性外形更为绚丽多彩的状态。

其实，早期人类社会，在男女之间社会地位不悬殊、功利性差距不大的时候，男性也需要装扮得美丽一些，也需要以外貌的艳丽来吸引女性。进入封建社会，男性在社会中占据支配地位，不需要在相貌的艳丽方面多做装饰。这时男性的装饰物，往往是功利性的象征。

当然，所谓利害性，其内容也是发展变化的。越是人类社会的初期，越是物质匮乏的时代，其物质性越明显、越强烈；进入现代社会之后，利害性的内容丰富多样起来——可以是财富等物质性因素，也可以是地位、声望等社会性因素，还可以是才华、性格、关爱、品德等精神性因素。

随着社会的发展，科学技术的进步使得女性可以摆脱体力、体能的限制，很容易地掌握住工作技能。例如在今天的信息时代，对信息技术的掌握和运用不需要太多的体力、体能，女性比起男性来并不逊色。这样，女性也开始掌握相当的生活资料，具有较强的有利性，在生存需要方面实现自立。女性自身有利性的增强可以相应地减少对男性有利性的需要或依赖。由此造成的结果是,男性自身有利性对女性知觉模式加以刻画塑造的强化作用要相应减弱乃至消失。这种情形下,女性对男性相貌的要求也开始严格起来。甚至,女性也可以凭借自己的有利性而在男性的认知结构中强化性地刻画出与自己相貌相一致的知觉模式。在今天社会中的表现就是,男模开始出现甚至风行,对男性的"选美"逐渐升温,女性对男性相貌的挑剔逐渐增强。这时,男性在相貌方面为取悦女性而进行的装扮开始发展起来;两性表现有"中性化"的趋势。当然,由于传统习惯的作用,人在相貌方面的审美已经形成较稳定的心理定式或文化心理结构,发扬和彰显男女不同的特征仍然是相貌审美的主要发展方向。在其影响之下,即使没有明显的利害性作用,文化心理和风俗习性仍然持续留存,仍然是女性更需要装扮得靓丽多姿。

3. "情人眼里出西施"现象

所谓"西施",是美的相貌的代名词。"情人眼里出西施",说的是:在其他人眼中很不美的相貌在有情人眼中则非常美,并且往往是指已婚夫妻中的情形。这里表现出的是相貌审美中的差异性问题。

所有的人,其审美知觉模式的形成过程和机制都是一样的,那为什么人与人之间对"西施"的判断和感受会有较大的不同呢?

在过程和机制一致的前提下,最终结果的相同或不同是由数据即知觉经验所造成的。生活中,每个人都有独特的生活经验;每个人都会在认知过程中对知觉到的所有相貌加以合成,最后叠加出的最深印痕就是这个人对于相貌审美的知觉模式或审美眼光。如果人的生活范围和知觉经验大致相同,所形成的知觉模式也会大致相同,表现出对"西施"判断的一致性;如果人的生活范围和知觉经验有很大的差距,所形成或所叠加出的知觉模式就会有很大的不同,表现出对"西施"判断的差异性。

　　每个人都是具体的社会存在，有独特的利害性环境和生活经验，由此形成了独特的、对他本人来说最具利害性和中间值的相貌审美眼光，即对于相貌的最理想的知觉模式。就是说，每个人都可以由于生活范围和生活经验的不同而形成自己对于相貌的审美标准，也就是这个人眼中的"标致"。无论这一眼光是符合一般的标致标准还是具有独特性的，都依循着形式知觉模式得以形成的一般规律，都符合美学原则，都是合理的、科学的。

　　如果一个人的生活经验中遇有强烈的特定功利性，会在这种特定功利性的强化作用下刻画出特定的对于相貌的形式知觉模式。这样形成的相貌审美眼光常常具有独特性，与其他人大不相同，形成独特的"西施"。

　　如果经验中特定功利性的作用不强烈，不明显，相貌审美眼光的形成往往来自众多数量的平均。这时，作为知觉经验基础的数量范围是一个重要的条件。每一平均值知觉模式或"标致"眼光的得出，都要依托于一定的人群范围，例如一个山村、一所学校、一个工厂，或者一个乡镇、一座城市、一个省、一个国家的人群，由此构成具体的知觉模式形成单位。如康德曾经阐述的："一个黑人在这些经验性的条件下必不可免地具有另一种不同于白人的形象美的基准理念，而中国人则有另一种不同于欧洲人的基准理念。（某个种类的）一匹美的马或者一只美的狗的典范，也会是同样的情况。"[1] 在过去的千百年间，交通不便，信息交流不发达，人的生活范围相对封闭、狭小，由此造成知觉经验单位

---

[1] ［德］康德：《判断力批判》（注释本），李秋零译注，北京：中国人民大学出版社2011年版，第63-64页。

<<< 第四章　认知模块的核心成分——形式知觉模式

狭小和特定化。在这一知觉经验单位中，一个人所能见到的所有人的相貌就是他相貌形式知觉模式得以形成的基础数据。所有这些相貌都在这个人的认知过程中进行叠印加工，对知觉神经加以刻画，形成神经活动方式的印痕。其中，同某一相貌相联系的利害性及利害性的强弱构成这一相貌数值的权重值，对某一相貌经验次数的多少构成相貌数值的数量值；权重值和数量值的合力共同构成印痕刻画的力度。把所有相貌按照特定的力度在知觉模板中进行刻画，最终形成的最深刻、最明显的印痕就构成这个人知觉经验的中间值、平均值，也就是这个人对相貌的审美标准。假设一个人在相对狭小的知觉经验单位中生活，可能形成由这一知觉单位中相貌平均值构成的知觉模式并按照自己的知觉模式选取了自己所认为最美的对象。这一相貌在这一狭小知觉单位中是平均值，但到了其他知觉经验单位或在更大范围经验知觉单位中就未必是平均值了。如果一个人是这样在特定知觉单位中形成了平均值知觉模式，他对"标致"相貌的判断就是特定的，有可能同其他单位或更大单位的平均值即"标致"眼光形成较大差别；于是造成"情人眼里出西施"的现象。

　　现代社会中，交通方便、信息发达，特别是影像技术发达而普遍，人的生活范围即经验单位大大扩展，对相貌加以知觉的基础数据也大大扩展，相貌知觉模式的平均值常常要以国家、人种、大洲乃至世界为单位。某一国家的影视明星往往是这一国家平均值的代表，世界影视明星就是世界范围内平均值的表现。在世界性选美中，获大奖的往往是处于洲际中间地带的人，大概是因为她们兼具不同地域相貌的特点，是较大范围内计算出来的平均值。现代社会中，相貌的审美标准越来越向着最大范围平均值方向发展，越来越具有世界性、全球性。这种情形是好事还是坏事，需要观察研究。但不论是好是坏，社会的客观进程就是如此。

以我们的观点来看，这种发展可能造成一定的弊端。在影像技术和大众传媒发达的情况下，传媒中显现的相貌类型可以对大众的知觉模式构成刻画作用。如果影视剧、广告、电视节目等大众媒介仅仅采用最大平均值的相貌类型，久而久之，会使大众的审美知觉模式固定化为最大平均值相貌。受此影响，人的相貌审美可能单一化，不利于婚恋时对异性配偶的选择。因为，婚恋关系结成时，男女双方都需要对对方的相貌有一定的认可度。形式知觉模式的吻合程度与生理和情感反应之间有自然的联系（参见母鼠捡婴实验）。与性别形式知觉模式相契合的程度越高，认可度就越强。在生活中的表现就是：相貌被认为美的程度越高，引起的好感越大。而生活中的实际情形是，人的相貌有多种多样的类型；每一类型都有其合理性，都应具有被认可、被审美的资格和权力。从审美和有利于社会发展的角度看，作为大众传媒相貌显现的面孔应该多样化。至少在电视节目中，主持人的相貌应该是多种类型的。

4. "一见钟情"现象

一见钟情，是生活中常见的现象，指男女之间第一次相见就被对方深深吸引，产生出强烈的爱慕之情。第一次见面，自然是不了解对方的生活经历和内心世界。之所以"钟情"，完全来自对方外在的相貌。相貌的表现是多方面的，包括容貌、体态、装束、举止、气质等。为什么会一见钟情？似乎有点神秘，人们常常笼而统之地说是"有缘"。但是，"缘分"之说不能准确地揭示出内在的原因；一见钟情现象同人的形式知觉模式密切相关。

我们说过，婚恋关系结成的前提条件之一，是男女双方互相在相貌审美上有一定的认可度。即，已然的形式知觉模式与对方的相貌有一定的契合度。契合度越高，审美认可的程度越高，引起的好感越大。

一见钟情时，对方的相貌是第一次见到，怎么可能已然存在着相应的形式知觉模式呢？的确，这个人的相貌是第一次见到；但与这个相貌相类似的形式知觉模式类，可以是已经建立起来的。

正常情况下，人一出生就会知觉到人的面孔，通常是父母的面孔。父母是婴孩一切功利性需要的来源，又是最为经常见到的人，因此，对儿童来说，父母的相貌构成其最初的、最好的相貌知觉模式。儿童对异性相貌的喜爱，常常同母亲或父亲的相貌非常类似。这不是由于弗洛伊德所说的"恋父"或"恋母"的情结，完全是自然的知觉经验所使然。

随着人的成长，新的功利性需要成长起来；人走入社会后，会接触到不同于家庭的功利环境和知觉环境，构成新的知觉单位。在这一过程中，孩童时期的相貌知觉模式可能被改造，重塑为新的相貌知觉模式。因人而异，新的相貌知觉模式可能与父母的相貌相类似或有很大的不同。

人到了青春期，形成恋爱的需求，经常性地处于恋爱的待机状态。一当在适当的条件下遇到与既有相貌知觉模式相类似的人物，会由于审美度的高度契合而产生愉悦好感，进而触发恋爱需求，造成一见钟情。

一见钟情带有突发性、意外性。一个人在一见钟情之前，甚至可能不知道自己所钟情的会是一种什么样的相貌。这是因为，外在事物形式对知觉模式的刻画和塑造，是大脑认知活动自动完成的过程，人完全不能察觉。父母相貌的刻画作用尚且较为固定而有迹可循，更多的知觉经验则难以循迹。也许，生活中某个人例如小学老师对自己有较大的功利性或影响，其相貌就在自己的知觉结构中深深地刻上一笔；而其他不同类型相貌的人也可能多次这样地刻上一笔；或者，观看某一部电影时，剧中角色深深地打动了自己，演员的相貌也这样刻上一笔。如此等等，人的知觉经验相当多样而混杂，都造成人对自己相貌知觉模式的形成难以把握的情形。希区柯克导演的一部悬疑电影《爱德华大夫》，主人公患有精神障碍，一看到条状的物体或图案就精神不正常。经过精神医生仔细的精神分析，发现他在儿童时期有过不幸经历。他在一次玩耍时，不慎将弟弟推落到铁栅栏尖上扎死了。他因此而内疚、自责、痛苦、恐惧，患上深深的心理疾病。这一经历非常深刻，对铁栅栏外形样式的知觉就形成了同这些负性情感相连接的形式知觉模式，并且发生横向联系，所有与栅栏相类似的形状都可使其情绪发作。

这部电影是有一定科学根据的；剧中主人公造成精神病发作的形式知觉模式是找到原因了。但是，我们很难为所有的知觉模式找到形成原因，多数情况下也没有这个必要。我们往往要通过实际审美过程，才能知晓自己的知觉模式是什么样的。根据这个规律，人们也可以按照形式知觉模式得以形成的一般途径，有目的地塑造出新的知觉模式即审美眼光。

从前面关于相貌与内心世界关系的阐述中可以知道，虽然外在相貌同生活经历、文化等内在精神世界有一定的联系，但毕竟同性格人品、思想意识没有直接的、必然的联系。婚恋关系结成时，在内心世界和外在相貌方面的契合度越高则关系越深刻、越稳固。单单是一见钟情，不是很可靠；男女双方都需要做进一步的了解。同时，并非只有一见钟情才显得浪漫，值得追求。日久生情才是婚恋关系的常态，更符合知觉模式的建立机制。

后 记

一、关于"认知神经美学"名称的说明

自20世纪末期开始，中国和西方同时兴起了借鉴脑科学即认知神经科学成果来探索审美活动内在规律的科学化美学研究。在起初的一段时间内，科学化美学研究在中国和西方相对独立地各自发展，西方称为"神经美学"，中国称为"认知美学"。称谓的不同在一定程度上反映出研究特点的不同。西方神经美学研究在微观的科技手段方面比较强，偏重于在解剖学意义上寻找到专用于审美及艺术活动的脑区或神经中枢；中国的认知美学在宏观的人文观念方面比较强，偏重于探究审美时大脑认知神经活动的过程和机理。简单讲，西方偏重于探讨"硬结构"，中国偏重于探讨"软结构"。

从审美活动的实际过程来看，大脑神经系统的解剖学结构及其活动方式同审美认知的过程和机理是密不可分的，审美认知过程不仅涉及机体的自然层面，还涉及大脑意识的观念层面。要想彻底地揭示审美活动的内在规律，必须把相关的神经结构与认知活动的特点联系起来加以整体的认识。

近年来，已有多部西方神经美学的著作在中国翻译出版，中国认知

美学的核心论点也在国际A&HCI索引刊物上发表，中西之间相互借鉴、相互融合的局面已经开始形成。在这种形势下，为了整合中西科学化美学研究的不同特点，便于中国美学更好地同世界美学相接轨，此书故称"认知神经美学"。

迄今为止，西方神经美学研究一直没有找到大脑审美的"硬结构"。美国宾夕法尼亚大学著名的神经科学家、曾任国际经验美学协会（IAEA）主席的安简·查特吉（Anjan Chatterjee）教授说："我们的脑部是否有一个专门处理审美体验的神经网络？对脑部的研究表明，这样的神经网络是不存在的。"① 这表明，寻找"硬结构"的研究方向是不可行的；神经美学研究或许应该转向寻找"软结构"。而查特吉教授也看到："我们的神经子系统可以进行灵活的组合，产生审美体验。……依靠这种灵活性，审美的各要素才得以组合在一起。"② 这一看法与中国认知神经美学的研究成果不谋而合，我们提出的"认知模块"，正是由大脑神经子系统灵活组成的功能性生命结构，它直接造成了审美活动的形成。这再次说明，在科学基础上的研究将会趋于一致，中西科学化美学研究的融合必不可免。同时，如果能依据脑科学对审美活动的内在机理做出切实而准确的揭示，就相当于发现了审美活动的程序。将审美程序与人工智能相结合，有可能开发出具有深度自学习功能的审美机器人。

---

① ［美］安简·查特吉（Anjan Chatterjee）：《审美的脑：从演化角度阐释人类对美与艺术的追求》，林旭文译，浙江大学出版社2016年版，第5页。
② ［美］安简·查特吉（Anjan Chatterjee）：《审美的脑：从演化角度阐释人类对美与艺术的追求》，林旭文译，浙江大学出版社2016年版，第5页。

二、认知神经美学的学派主张

学术的新发展往往会形成新的学派。以认知模块理论为核心的认知神经美学是在康德认知论美学路径上的现代进展,俨然作为一个新兴的学派而同传统本体论美学的所有学派相对立。它在科学实证和理论逻辑基础上对审美活动的内在机理加以揭示,对"审美何以可能"等美学基本问题提出了与本体论美学全然不同的论点。本书强调如下几个问题。

1. 关于美学研究的路径和根本问题

目前为止,美学一直是个歧见纷呈的学科。诸多学派、各种理论莫衷一是,复杂的审美现象和理论往往让人无所适从。对美学的纷杂现象梳理一下,大致可知:随着对美学根本问题的认定和解决方式,可形成不同的研究路径,即本体论的和认知论的美学研究路径。不同的研究路径造成了不同的发展方向,形成了不同的理论和学派。

本体论路径由柏拉图所开辟。两千多年来,本体论路径上的美学研究出现了诸多学派。不论这些学派间的差异有多大,在一个重要基点上是共同的:都以"美是什么"为美学的基本问题并围绕这一问题形成了本学派的主要理论阐述。不过,"美是什么"是否真的能构成美学的基本问题,是需要加以辨析的。

自20世纪上半叶分析主义美学兴起以来,"美是什么"研究的合理性遭到严重质疑,致使本体论的一些学派不得不变换言说方式,把"美是什么"问题改换为"美在哪里""美是怎样的"等。但是,如果连"美"是什么尚且不知,又怎么谈得上它在哪里、是怎样的问题呢?

另有一些学者受到分析主义美学的影响,一方面看到"美是什么"

命题确实缺少合理性、可靠性，一方面仍然把它当作美学的基本问题，于是认为美学本身也是靠不住的，甚至主张取消美学研究。

更多的本体论学者认为，放弃了美本质问题就是放弃了美学，否定了"美是什么"命题就是否定了美学史；而为了追求美、追求美学真理，就要顽强地坚守美本质研究。这种愿望和精神都是可贵的，但其认识却不可取。其最大误区，是没有看到真正的美学根本问题是什么。

要看到，审美是人类社会中的客观存在。所谓美学，就是要对审美现象做出理性的解释，对审美活动的内在规律加以揭示。只要有审美现象存在，就会有美学存在。既然美学的存在是合理的、必然的，就一定应该有自己可靠的、合理的基本问题。如果"美是什么"命题确实是不可靠的，就不应该是美学的基本问题。那么，美学的基本问题应该是什么呢？

进行学术研究必须要有个可靠的着眼点、切入点。人类审美方面最基本的现象或事实就是美的事物的存在。美学研究需要对美的事物的存在原因加以解释。因此，美学研究最初始而又最基本的问题应该是"美的事物从何而来"或"事物何以是美的"。

其实，柏拉图最初进行美学探讨时，面对的也是"美的事物从何而来"的问题。柏拉图在客观唯心主义哲学立场上对这一问题做出了一种本体论路径上的回答："一切美的事物之所以美乃是因为拥有美。"[1] 柏拉图认为，这个"美"是理念性的存在，是独立的、不同于美的事物的"美本身"。这样，存在于美的事物中的"美本身"就是美的事物的根本原因，美学研究就是要找出这个"美本身"。由此，形成

---

[1] ［古希腊］柏拉图：《柏拉图全集》第四卷，王晓朝译，北京：人民出版2003年版，第34页。

了"美本质"概念及"美是什么"命题。可见,"美是什么"并不是美学的基本问题、初始问题,而是对"美的事物从何而来"这一初始问题的回答,是在初始问题基础上衍生出来的次级问题。但由于人们把回答初始问题的可能性完全放在了次级问题上,致使次级问题成了人们直接关注的目标。结果,本来的次级问题被当作根本问题、核心问题,偏离了美学的本来目标。

更为严重的是,"美的事物从何而来"这一初始问题的形成是客观的、自然的,因而是合理的,但从中是否能合理地衍生出"美是什么"问题,还是需要论证的;如果这一衍生过程是不可靠的,则衍生出的问题也不可靠。在不可靠问题基础上形成的理论都是不可靠的。美学史中的情形恰恰是,这一衍生过程和衍生出的问题的确都是不可靠的,本体论美学路径上的各学派并没有对之加以论证就想当然地以为这一问题是合理的。结果,本体论路径两千多年的研究始终难以取得可靠的结果,始终陷在困境中徘徊。可见,把衍生问题当成初始问题,是柏拉图之后的本体论美学在逻辑上的一大失误。

既然"美本质""美是什么"问题是衍生出来的,那么即使将其取消掉,美学的初始问题也依然存在。因此,本体论美学所秉持的美学根本问题并不是美学研究必不可少的问题。消除了"美是什么"问题,美学依然存在。我们要认识到美学研究真正的基本问题,从本体论的误区中解脱出来,重新回到美学研究的正确起点。

从美学史的角度看,本体论的看法固然也是对"美的事物从何而来"这一基本问题的一种回答,但并不是唯一的回答。除本体论路径外,康德从主体鉴赏判断的角度做出了另一种回答,开创了审美认知路径。这一路径在现代认知神经科学即脑科学取得丰厚成果的条件下发展出中国的认知神经美学，形成了新的思路、新的理论阐释。

2. 认知神经美学的合理性根据

认知神经美学的形成，既是学术深化之需要，又是历史发展之必然。

美学研究必须尊重一个基本的事实：审美是从知觉开始，以情感结束的。知觉和情感都是大脑认知神经活动的重要环节，其功能和活动方式都要依赖于大脑中相应的神经结构，并且受制于神经系统的活动规律。传统本体论美学研究的重大缺陷正在于：不能充分地借鉴自然科学的方法，也不能对大脑的认知神经活动有深入的了解。而如果对审美活动中最重要的环节都缺少必要的认识，其理论阐述的合理性和有效性就很难保证了。

例如，审美活动的一大特点是直觉性。对于自然事物的外形或艺术作品的形式表现，人们是不假思索地直接形成审美愉悦。对于这种现象，本体论美学认为：一些形式中存在着某种可以直接激发出美感的东西，这种东西就应该是"美"本身。这是把美感的根源归结到客观存在物的一种思路，但这样的存在物始终找不到。而从认知论美学的角度看，按照康德的表述就是：审美判断力与愉快或者不快的情感有一种直接的关系，"这种关系恰恰是判断力的原则中的难解之点"①。这是把美感的根源归结到主体认知能力的一种思路。为了解开这个谜，康德试图对人的主体认识能力加以深入探析。可惜的是，在康德时代，脑科学还很不发达，无法清晰地展现出知觉、直觉、想象和情感等认知活动环节的深层机理，致使康德只能猜测性地提出问题而不能深刻地阐释问题。

---

① ［德］康德：《判断力批判》（注释本），李秋零译注，北京：中国人民大学出版社2011年版，第3页。

尽管如此，康德毕竟找到了美学研究的合理道路，堪称认知神经美学研究的先驱者。

康德之后，特别是现代心理学诞生之后，有更多的美学家试图从主体方面来认识美学问题。其中，最具科学性、成果最为显著、影响最为广泛的是格式塔心理学美学。它提出"异质同构说"，认为，物理领域与心理领域虽然是不同质的，但都同样地存有一种"力"，"这些'力'被假定真正存在于两个领域里——即存在于心理领域里和物理领域里"①；"那推动我们自己的情感活动起来的力，与那些作用于整个宇宙的普遍性的力，实际上是同一种力"②。还说：

> 我们可以把观察者经验到的这些"力"看作是活跃在大脑视中心的那些生理力的心理对应物，或者就是这些生理力本身。虽然这些力的作用是发生在大脑皮质中的生理现象，但它在心理上却仍然被体验为是被观察事物本身的性质。③

在格式塔心理学美学看来，审美即"观看世界的活动被证明是外部客观事物本身的性质与观看主体的本性之间的相互作用"；而审美知觉即观看行为，"完全是一种强行给现实赋予形状和意义的主观性行

---

① [美] 鲁道夫·阿恩海姆：《艺术与视知觉》，北京：中国社会科学出版社1984年版，第9页。
② [美] 鲁道夫·阿恩海姆：《艺术与视知觉》，北京：中国社会科学出版社1984年版，第625页。
③ [美] 鲁道夫·阿恩海姆：《艺术与视知觉》，北京：中国社会科学出版社1984年版，第11页。

为"①。在这种主客体关系中，主体即心灵所要达到的目的是，通过对事物外形的知觉，感受到形式中所表现或所蕴含的"力"，进而感悟到"力"所象征的情感。即："人体之外的所有事物都具有真正的表现性"，而"造成表现性的基础是一种力的结构"。② 当事物物理结构中所表现的"力"与人知觉心理结构中"力"的式样相一致时，就能使人觉知到事物形式中所表现的情感，形成审美体验。

> 我们要求人们首先要记住：每一个视觉式样都是一个力的式样。……至于知觉对象的生命——它的情感表现和意义——却完全是通过我们所描述过的这种力的活动来确定的。③

格式塔心理学美学以主客体之间形式构造的一致性来解释审美的直觉性，颇具合理性，也有相当的启发意义。我们的确可以在比喻的意义上把事物与知觉之间的对应契合关系看作结构的一致。客体事物的结构是自然天成的，本来如此的；于是，最重要的问题应该是对人的知觉结构做出解释，即揭示人的知觉结构是怎样形成的。这时，格式塔心理学美学的局限性显现出来。在它看来，人的知觉结构也是自然天成的。即，知觉中先天存在着种种"力"的样式，这种"力"的样式恰好能同物理世界中"力"的样式相一致，由此造成情感的产生。

---

① [美]鲁道夫·阿恩海姆：《艺术与视知觉》，北京：中国社会科学出版社1984年版，第5-6页。
② [美]鲁道夫·阿恩海姆：《艺术与视知觉》，北京：中国社会科学出版社1984年版，第624-625页。
③ [美]鲁道夫·阿恩海姆：《艺术与视知觉》，北京：中国社会科学出版社1984年版，第8-9页。

以自然天成的"力"来解释知觉的结构和审美活动的内在机制，不免机械而僵化。物理结构和大脑生理结构是客观自然的存在，具有自然界及全人类的一致性。大脑生理结构中，大脑皮层神经元的活动构成意识功能。意识活动或意识功能作为大脑的机能是先天的，而意识的内容或结果则只能在后天经验中取得。意识内容是对社会存在的反映，要随着社会的发展变化而变化，特定的意识内容可以构成意识中的文化结构或心理结构，影响到审美意识的形成。因此，随着文化和社会观念的不同，审美意识大不相同，进而是审美知觉模式存有巨大的文化和社会的差别。以"力"的"异质同构"来解释审美的本质，会忽略事物的文化——社会性价值和审美知觉中的文化——社会性因素。例如，格式塔心理学美学认为，柳树枝条的形状、方向和柔软性都传递了一种被动下垂的表现性，与悲哀的心理结构相一致。[①] 而在中国，对柳树可以有"春风杨柳万千条"的感受，人们从柳树枝条中感受到的不是沉重和悲哀，而是轻快、欢乐、喜悦。可见，这一理论既缺少科学实验的证明，又缺少实践的根据，远远表现不出审美知觉的时代性、发展性，更无法说明审美中同阶级、政治等社会利害性因素相关的表现。实际上，审美知觉不是像生理结构那样生而有之、固定不变的，而是动态的、建构出来的。其特性是随着社会的发展而发展，随着环境的变化而变化；审美知觉和审美情感不能永远固定地对应着某种事物及形式。

　　格式塔心理学美学所依据的基础理论是当时兴起的格式塔心理学学派。尔后，心理学研究中又出现了更多的新学派，特别是出现了认知心理学派。认知心理学派以脑科学的最新研究成果为根据，它自身也深深

[①] ［美］鲁道夫·阿恩海姆：《艺术与视知觉》，北京：中国社会科学出版社1984年版，第624页。

地汇入到脑科学之中。现代脑科学对脑结构及其功能和活动方式有了更为深刻而准确的认识，远远超越了格式塔心理学。在新的科学材料基础之上形成的新学说，必将促进新的美学理论的形成。于是，伴随着脑科学的深化进展，认知神经美学应运而生。

在认知神经美学看来，审美是由自然因素（如身体结构和大脑的认知活动）和人文社会因素（如社会存在和观念意识）共同构成的整体。传统美学对审美中人文社会因素的揭示比较充分，对自然因素的揭示则相对薄弱。在脑科学已经取得长足进展的条件下，弥补这一薄弱环节就是必须而且必然的了。填补传统美学的缺环，将使美学基本理论得到建设性的深化发展。

3. 审美本质力量以一定的生命结构为支撑

在进行理论建构时，如何进行研究的方法论问题非常重要。方法是否合理，能够直接决定研究的走向。现代美学研究看到，审美一定是有主体参与的活动，而主体的参与就是主体认知的参与。因此，康德所主张的认知论路径更具有方法论的合理性。

康德哲学具有德国古典哲学的合理内核。马克思在吸收德国古典哲学优秀成分的基础上，创立了科学的世界观和方法论。对于人类的审美活动，马克思提出了"人的本质力量对象化"的思想，宏观地指出了人与对象事物之间审美关系得以结成的总体原则，具有重要的方法论意义，是我们认识人类审美活动基本性质的指导纲领和整体框架。中国美学界基本上接受了马克思的这一思想并以之作为阐释美学基本问题的理论根据。

像康德哲学一样，马克思主义哲学在看待人与自然的关系时，也采用了"对象化"的思想方法，特别强调了人的主体地位和作用。马克

<<< 后 记

思说："从前的一切唯物主义（包括费尔巴哈的唯物主义）的主要缺点是：对对象、现实、感性，只是从客体的或者直观的形式去理解，而不是把它们当作感性的人的活动，当作实践去理解，不是从主体方面去理解。……没有把人的活动本身理解为对象性的活动。"① 马克思在这里提出的认识和掌握世界的方法论原则很具有指导意义，启发我们把审美理解为人的对象性活动，把美的事物理解为对象性的存在；不能实行机械唯物主义的思想路线，不能孤立地、片面地认识审美活动和审美现象。

按照马克思辩证唯物主义思想，作为一种对象性活动，审美的客体和主体是相互对应、相互依存的两端，缺一不可。而主客体之间要结成对象性关系，必须具有一定的可能性或前提条件。即客体要有一定的属性，主体要有同客体属性相契合的本质力量。马克思说："对象如何对他来说成为他的对象，这取决于对象的性质以及与之相适应的本质力量的性质；因为正是这种关系的规定性形成一种特殊的、现实的肯定方式。眼睛对对象的感觉不同于耳朵，眼睛的对象是不同于耳朵的对象的。每一种本质力量的独特性，恰好就是这种本质力量的独特的本质，因而也是它的对象化的独特方式，是它的对象性的、现实的、活生生的存在的独特方式。"② 从马克思的阐述中可以知道，人的本质力量就是人的生命体所具有的能力或功能。人的本质力量不是抽象的、笼统的存在，而是在各个特定方面表现出来，由具体的器官或机能所承载。例如由视觉所承载并表现出来的本质力量，由听觉所承载并表现出来的本质力量，等等。在所有人与事物之间特定的、现实的关系中，人的本质力

---

① 《马克思恩格斯文集》第1卷，北京：人民出版社2009年版，第499页。
② 《马克思恩格斯文集》第1卷，北京：人民出版社2009年版，第191页。

215

量的性质和内容都是特定的、现实的。特定的功能来自特定的结构，人的生命体所具有的功能要以人的生命结构为基础。

例如，颜色被认为是客观的存在。实际上，颜色并不是一种客观的实体存在物，而是人的对象性主观感觉。在人之外客观存在的是电磁波。一定波长内的电磁波经物体反射后，被人以视觉方面的认知神经结构加以接受、加工，最终形成主观的感觉即颜色感。同样的电磁波反射，以一般人即正常的视觉结构去加以对象化的认知会形成一种颜色感，而以不同于正常视觉的异常视觉结构（如一般所说的色盲、色弱）去认知，会形成另一种颜色感。不同主体在颜色认知中表现出来的差异，系由主体生命结构的不同所造成。即，面对同一个事物，具有不同生命结构的人可以形成不同的对象性关系，从而形成不同的主观感觉。可见，人在视觉方面的本质力量要以视觉的认知结构和机能为内核。人的视觉认知结构是既定的、自然具有的。以人的主体结构暨本质力量为本位，则物体反射的电磁波就被当作客观的颜色。因此，颜色感是客体电磁波与主体视觉认知结构相对应、相匹配的结果。再比如，受过良好音乐培养的乐队指挥家形成了特殊的听觉结构，可以觉察到细微的声调变化，而普通人则觉察不到。也就是说，某些乐音可以同指挥家的听觉结构形成对象性关系，而不能同普通人的听觉结构形成对象性关系。

除生理性的感觉之外，文化性的感觉也是对象性的。面对中国古典文学名著《红楼梦》，一位文化素养深厚、生活阅历丰富的中年人可能会被深深地吸引，从中读出不尽的韵味；而一位知识有限、涉世不深的孩子可能根本就读不进去，更不能从中领悟到审美意蕴。这两种不同的情形皆是由主客体之间不同的对象性关系所使然。当人对《红楼梦》产生共鸣时，人们往往以为是《红楼梦》客观具有的审美属性引发了人的反响，因此把作为客体的《红楼梦》看作美感得以形成的决定性因素。而根据马克思的思想，对审美欣赏的共鸣现象情形还需要从主观方面去理解。当《红楼梦》作为文化性客体而产生作用时，必须以人的一定人文认知结构为对象性条件，即主体"也必须始终作为前提浮现在表象面前"①。如果主体不具有由一定阅历和文化素养构成的人文认知结构，就不具有对《红楼梦》加以审美的本质力量，不能深刻理解《红楼梦》，《红楼梦》也不能产生引发共鸣的作用。

因此，人在与事物结成对象性关系时（无论是自然性的还是文化性的），都要依据特定的本质力量，而此种本质力量必定来自生命机体中相应的结构，包括承载着文化观念信息的神经结构。审美是主客体之间多种关系中的一种，人类审美的本质力量像其他本质力量一样，也必须以生命机体中的一定结构为依据。只有切实找到了审美本质力量的生命结构，才能使马克思的对象化思想由哲学设想变为现实规律。审美发生的历史过程，就是人类审美本质力量之生命结构的形成过程。而实际构成审美本质力量的生命结构的，是大脑神经系统中的认知模块。

4. 审美本质力量的生命结构是大脑神经系统中的认知模块

虽然美学研究一直处于模糊、混沌之中，但审美活动的存在则是确定无疑的。而问题正在于：审美活动何以可能？就此，认知神经美学提出了"认知模块论"假说。认为，在大脑的认知神经系统中存有一种神经连接结构——认知模块，正是由于认知模块的特性和效用，才使得主客体之间的审美关系得以形成。

所有可被知觉的物体都是外形与内质的统一体；其中，外形同人的

---

① 《马克思恩格斯文集》第8卷，北京：人民出版社2009年版，第26页。

知觉相对应，内质同人的需要相对应。知觉是人获得外界信息的基本方式。在一般认知活动中，物体的外在形式往往是其内在价值和意义的表征或信号。物体的价值是相对于人的需要而言的。需要是人的生存活动和各种行为的主要动力源。人的需要既有自然性的又有人文社会性的。结合着自身需要和各种信息（包括内在信息和外在信息），人会经由意识思维的认识过程而在相应的脑区形成并保存对于物体价值和意义的领悟，乃至形成复杂的思想观念。具有这种功能的脑区即构成了认知神经系统中的认识中枢或称意义中枢。如果物体的内质能满足人的需要，就是于人有利的，可在大脑的监控评估系统中获得肯定性评价，被体验为肯定性情感。例如，水果的肉质相对于人的需要来说具有一定的营养价值；吃进水果，能使人产生有利于机体的内感觉，经由大脑监控评估系统而被体验为肯定性的愉悦感。控制情感的脑区即形成情感中枢。结合这种内感觉和情感体验，人就形成了对水果的价值和意义的认识领悟及观念。人在吃进水果的同时，还会知觉到水果的外在形式，从而在大脑认知神经系统中刻画出相应的神经痕迹，这种神经痕迹造成知觉的一定活动方式、模式，即形成知觉模式中枢。在日常生活中的表现就是我们能够凭借形式知觉而瞬间识别出水果。每一种独特物体的外形都能相应地刻画出一种知觉模式。在实践经验中，以内感觉为中介而形成的意义领悟和愉悦情感，与知觉经验刻画出的知觉模式是几乎同步发生的。于是被大脑整合为同一个事件，形成了"知觉模式中枢＋意义中枢＋情感中枢"的神经连接链。神经链的专有性和相对稳定性，使之形成认知结构中特定的"认知模块"。例如在关于水果的经验中，这种神经连接链就具体表现为水果认知模块。

当然，对水果之类自然事物的认知相对简单，对具有人文社会意义的事物及其外形，认知过程和内容就要复杂得多。

关于某一物体的认知模块建立之后，当人再次看到这一物体的外形时，就可在瞬间激活认知模块。认知模块被激活后，其显著的效应是形成直觉性认知。这种直觉性认知既可以表现为直觉性认识（如对事物本身及其意义的识别），又可以表现为直觉性情感，在生活中的现象就是主体可以直觉性地对知觉对象产生美感。人类之所以能够形成直觉性的美感，之所以能够同客观事物建立起审美关系，其关键因素就是大脑认知神经系统中的认知模块。

认知模块作为大脑认知神经系统中的一种结构是由后天经验形成的，因此是暂时神经联系，是一种"软结构"。认知模块最显著的特点是自动性、内隐性、类化性。

人在生活经验中形成的认知模块由一般认知活动所完成，因此是一般性的认知模块。一般性的认知模块所引发的情感是利害性的，非审美的，供一般认知活动所使用，并不为审美所专设。但一般认知模块可在特定条件下转化为审美认知模块，一般认知活动可在特定条件下转化为审美认知活动。

被大脑有意识加工和无意识加工的机制所决定，当人有功利性需求即处于利害状态时，必然形成利害性注意并且居于优先地位。例如人在极度饥渴时看到苹果，苹果外形对认知模块的激活所产生的显著效果是形成意义领悟即对苹果内在价值的认识。人在此时首先想到的是吃进苹果，顾不上对苹果的外形加以欣赏。这时的认知是利害性的一般认知。当人没有功利性需求时，才可以不想到吃而关注到苹果的外形，这种状态就是非利害状态。当人处于非利害状态时，不会对事物的利害性价值和意义有特别而又直接的关注。所以，虽然人的认知模块中存有意义中枢，但在非利害状态时，其活动并不显著而突出，只是存在于无意识中，相当于在意识的"后台"中运行。在显意识的"前台"中，觉察不出意义中枢的活动。这就相当于在一般认知模块的构成链条中隐蔽了意义中枢，形成知觉模式中枢与情感反应中枢的直接联系，即经由知觉而不假思索地、直觉性地产生情感。此时，一般性的认知模块就转化为审美的认知模块，其典型表现即是在审美知觉和审美情感之间没有明显的认识活动环节。有些学派误以为审美不需要认识，大概是出自对这一过程和现象的理解。但我们要强调指出：审美中的认识活动是在无意识层次中进行的，不是审美不需要认识，只是认识活动及其过程在审美的"前台"中显现不出来而已。

人在非利害状态下才可形成审美的认知模块，从而构成审美认知活动，体验到由事物形式所激发的愉悦感即美感。所谓"审美认知"，就是在非利害状态下，对与既有认知模块相匹配的事物形式加以知觉并形成非利害愉悦情感的认知活动。正是在按照这种方式进行的认知过程中，一般事物被感受为与既有认知模块相匹配的对象事物，从而被称为美的事物。一般事物之具有审美属性、审美价值而成为美的事物，都是出自这种认知方式。

5. 其他论点的简要表述

本书还提出了其他一些论点，可以简要地表述如下：

（1）关于"美学"的界定。美学是解释审美现象、揭示审美活动内在规律的学科。不能把美学简单地理解为"关于美的学科"，也不能认为美学的本义是"感性学"，虽然鲍姆嘉通以"埃斯特惕卡"（Æsthetica）为名的著作被认为是美学的开山之作，而埃斯特惕卡在拉丁文中的本义是"感性学"或"感觉学"。在认知神经美学的视域下，鲍姆嘉通所使用的埃斯特惕卡概念，其本义应该是"内隐感性学"或"内隐感觉学"。康德的《判断力批判》，其本意也不是要研究美学，而是要研究人类特殊的心灵能力——内隐认知能力（即鉴赏判断力）。只有立足于内隐认知的视点，才能顺通解读鲍姆嘉通和康德的美学阐述。

（2）关于审美发生的时间和决定因素。审美不是随着人类及人本质的形成而形成的，因而与实践没有直接的关系。在远古的旧石器时期，人类没有审美，不会审美。只是到了接近文明时代的时间点，随着完全抽象认知能力的形成，人类才开始出现审美活动。

（3）关于审美的利害性与无利害性。所谓审美的无利害性，指审美情感的形成不是来自生存性需要的满足，而是来自不具有利害性的事物外在形式的激发。但事物外形激发美感的前提是认知模块关系的事先建立。而且，审美的无利害性要在利害性基础上形成。是事物的有利性造成了建立肯定性认知模块的条件，在认知活动中将事物形式与肯定性愉悦感相连接。当人既在生理方面没有急切的生存性需要，又在精神方面没有强烈的利害性意识时，就不形成利害性注意，处于审美的待机状态。这时，如果知觉到与认知模块相匹配的对象事物，一般认知模块会即时转化为审美认知模块。这一转化的过程和机制正是审美的奥秘之所在。

（4）关于审美需要。审美需要来自生命机体神经细胞振动活跃的需要。生命机体的所有细胞都有自发的活跃振动。审美活动可以使神经细胞的振动更加强烈，从而使人感到精神振奋，形成愉悦感。

三、认知神经美学与中国本土美学话语建构

自近代以来，中国美学逐渐汇入世界美学的话语体系之中，这种

"汇入"一方面拓展了中国美学研究的领域和视野，另一方面也开启了对西方美学思想的跟随之路。20世纪80年代改革开放之后，这一表现更为显著。中国美学对西方美学的单向引进造成了中国美学在美学话语体系上的"失语"状态，令中国的学者们耿耿于怀，急切希望加以改变。这一愿望，不仅是为了争取学术地位，也是为了建构合理的美学理论。

应该说，美学的确是一门发展很不充分的学科。自20世纪西方分析主义美学兴起以来，近几十年的西方美学及世界美学研究基本上未能有重大的理论建树，致使中国美学处于想跟也无可跟的境地。我国美学研究领域较有影响的一些学派也未能在美学基本问题上取得独创性的、突破性的进展，难以提供美学深化发展的动力资源。而中国社会中审美生活及文艺事业的发展迫切需要合理的美学理论为基础。这种情况下，当代中国美学研究必须要改变对西方美学的依赖和等靠心理，大胆进取，充分吸收当前自然科学、人文社会科学发展的方法、成果，依靠自己的力量来解决美学基本问题。如果中国美学提出了有根据、有价值的新论点，就会在世界范围内对美学建设有所补益，形成与世界美学对话的条件。

从美学史上看，美学的体系框架、核心问题、主要概念都是由西方美学首先提出来的，没有中国话语参与。只要处在这一体系框架内，势必要使用现有由西方美学提出的话语。由此，我国的一些学者认为，如果要摆脱对西方话语的跟随，建立中国美学的话语体系，就要依据中国古典美学的话语资源来建立具有民族特点的中国美学体系框架。但是，这一努力的成果并不理想。

美学是以审美活动及审美现象为研究对象的学科。审美作为人类生存及精神活动的方式之一，既具有社会、文化及个人的特点，又具有全人类的普遍性。同社会、文化和个人经验相关的审美意识、审美观念可以是局部的、个别的；而人类的审美活动本身则具有全人类性，使得美学体系具有普遍的意义。这一普遍性已经充分表现在西方美学的话语之中。例如，美学研究的根本目标是要解释审美现象，揭示审美活动的内在规律。落到具体问题上就是要问，美的事物是从哪里来的？事物为什么是美的？人为什么能形成美感？这些问题不论在哪个时代、哪个民族都是客观存在的。既然问题本身具有现实意义，其话语就有其适用性。反观中国古典美学，的确不曾提出过类似问题，也缺少相关的理论阐述。当代的中国美学研究如果要具有学术性、适用性，自然地会进入西方美学的体系框架之中，使用西方美学的话语。客观地说，学术的普遍适用性是超越民族和时代界限的。如果中国美学要以中国古典美学的问题和话语来另起炉灶，势必游离于世界美学之外，无法同世界美学接轨、对话，当然也无法产生中国的影响。正如不可能有哪个民族的物理学、数学、逻辑学一样，作为基本原理的美学体系也不可能具有民族性，中国美学的话语体系不能以这种方式和路径来打造。

那么，美学的中国话语还有可能建立起来吗？可能的。要看到，虽然美学的基本问题和基本体系是由西方美学最早提出的，但这些问题并没有得到完满解决。在西方形成的、世界通用的美学话语体系可分为两部分：一部分是对问题的提出，可称为问题域话语；另一部分是对问题的解答，可称为阐释域话语。西方美学的话语体系在问题域方面是有效的、适用的，而在阐释域方面则缺少适用性，还没有达到合理而正确的程度。如果中国美学对美学基本问题做出了更为合理、更有阐释力的解答，就能在阐释域中建立中国美学的话语，实现同世界美学的对话。

历史中，中国美学在问题域话语方面是缺失了，错过良机了。但我们可以在阐释域话语方面做出建树。这一历史机遇，中国美学不应放弃。

建构中国美学话语体系的路径不是离开世界通用的话语体系另起炉灶，而是在对美学基本问题的合理阐释中形成具有普遍适用性的理论话语。中国的认知神经美学及其提出的认知模块论，作为在中国本土诞生的美学理论已经相对成熟，对西方美学及世界美学一直悬而未决的基本原理问题做出了基于实证和逻辑的新阐释，提出了西方美学所不曾有过的思路和话语概念，希望能够为中国美学话语体系的建构做出大胆而有效的探索。

本书各个论点的提出，都有科学实证的或逻辑的根据。现在，依靠天才和聪明来猜测审美活动内部规律的时代已经过去了，审美活动的几乎所有环节、过程、机制都清楚地摆在人们面前。只要怀有科学的态度，不抱成见，谁都不难做出合理的判断。

由于认知模块论是在认知神经科学基础上形成的，要涉及脑科学的一些原理和知识，致使传统本体论美学研究路径上的一些学派感到陌生而难以理解和接受。特别是在有意识和无意识相互转化、一般认知模块和审美认知模块相互转化的问题上，如果缺少辩证思维，不免会觉得我们的理论像是在变魔术，以至于有学者说"认知模块"是个"魔方"。鉴于无意识和认知模块的内隐特性，也许人们的确容易形成这样的感觉。这样看来，认知模块不仅像个"魔方"，还可能像个"魔镜"，可以映照出一定的状态和心态。

我们对自己的理论有充分的自信心，因而持有完全的开放姿态，不担心也不抗拒任何质疑、批评和否定的意见。从学术论争史上看，每个提出自己论点的人都认为自己是正确的，否则，他就不会提出这个论点了。但是，这一论点在事实上是否正确，是否真的具有合理性，要经受客观的检验。所谓客观的检验，一是要看能否合理地解释实际现象，能否在实践中得到应用；一是要看在逻辑上是否能立得住。这就往往形成不同论点间的论辩。每个有生命力的理论都要在论辩中成长、完善。

  目前，对认知神经美学的核心论点，学界还没能形成论辩。认知神经美学同其他学派的论辩只是在本体论的美本质问题上展开。我们希望，真正富有成效的美学论辩能跨越这一浅表层次，进入更具实质性的问题中来。

  认知神经美学尚处在发展、完善的过程之中。我们相信历史，相信进步，呼吁更多的年轻学者接触新事物，独立做出基于科学根据之上的判断。

李志宏

记于长春